市政公用基础设施技术管理文件编制

洛阳市建筑工程质量监督站
洛阳政泓建设工程质量检测有限公司 编

黄河水利出版社
·郑州·

内 容 提 要

本书介绍了工程建设全过程中建设单位、勘察单位、设计单位、监理单位、施工单位、城建档案馆对工程文件的管理职责及管理模式;对工程准备阶段文件、工程监理文件、施工文件、工程竣工文件的编制、组卷、竣工验收和移交等内容作出了规定;建立了资料表格的编号体系和专业工程分类编码体系,为实现工程文件的标准化管理创造了条件。对市政道路、给排水工程、桥梁、隧道、燃气、热力等工程的施工与质量验收进行了整理与归类。

本书可供建设单位、监理单位、施工单位的施工现场的技术人员,特别是施工单位的技术管理人员阅读参考。

图书在版编目(CIP)数据

市政公用基础设施技术管理文件编制/洛阳市建筑工程质量监督站,洛阳政泓建设工程质量检测有限公司编. —郑州:黄河水利出版社,2011.7

ISBN 978 – 7 – 5509 – 0085 – 1

Ⅰ.①市… Ⅱ.①洛…②洛… Ⅲ.①基础设施 – 市政工程 – 工程施工 – 施工管理 – 文件 – 汇编 Ⅳ.①TU99

中国版本图书馆 CIP 数据核字(2011)第 139616 号

策划编辑:李洪良 电话:0371-66024331 邮箱:hongliang0013@163.com

出 版 社:黄河水利出版社
地址:河南省郑州市顺河路黄委会综合楼14层 邮政编码:450003
发行单位:黄河水利出版社
发行部电话:0371 –66026940、66020550、66028024、66022620(传真)
E-mail: hhslcbs@126.com
承印单位:河南地质彩色印刷厂
开本:787 mm×1 092 mm 1/16
印张:19.25
字数:445 千字 印数:1 — 1 700
版次:2011 年 7 月第 1 版 印次:2011 年 7 月第 1 次印刷

定价:65.00 元

《市政公用基础设施技术管理文件编制》
编委会

前　言

随着新技术、新材料、新设备、新工艺的不断涌现,为了进一步提高市政工程质量,贯彻新的施工与验收规范,同时规范市政工程资料的收集、整理和竣工资料的编制,洛阳市建筑工程质量监督站、洛阳政泓建设工程质量检测有限公司共同组织编写了《市政公用基础设施技术管理文件编制》。

该书依据《市政基础设施工程施工技术文件管理规定》(建城〔2002〕221号)、《城镇道路工程施工与质量验收规范》(CJJ 1—2008)、《城市桥梁工程施工与质量验收规范》(CJJ 2—2008)、《给水排水管道工程施工及验收规范》(GB 50268—2008)、《给水排水构筑物工程施工及验收规范》(GB 50141—2008)、《建设工程文件归档整理规范》(GB/T 50328—2001)、《建筑工程资料管理规程》(JGJ/T 185—2009)等文件的有关规定及国家相关施工、监理规范而编制。根据新的施工与验收规范的要求,市政工程以检验(验收)批为基本检测单元,分别以分项、分部单位工程控制工程质量。

本书共十三章,主要内容包括:第一章概述,第二章管理规定与职责,第三章工程文件管理,第四章工程准备阶段文件(A类)内容与要求,第五章工程监理文件(B类)内容与要求,第六章施工文件(C类)内容与要求,第七章施工用表,第八章施工记录,第九章施工试验记录,第十章功能性试验记录,第十一章施工质量验收记录及竣工验收文件,第十二章竣工图(D类)内容与要求,第十三章工程文件编制与组卷。

本书由洛阳市建筑工程质量监督站李金凤、张凯、章铭德,洛阳政泓建设工程质量检测有限公司邓凯曼,洛阳市市政工程公司郭丽敏、薛换平、李超男,洛阳市政建设集团有限公司黄同军、张志勇、夏建锋,河南三建建设集团有限公司谢海琴参与编写;由李金凤、张凯、邓凯曼、郭丽敏、薛换平组稿。参编人员具体分工如下:第一章~第五章由李金凤编写,第六章、第七章(第一节~第二节)由郭丽敏编写,第七章(第三节~第五节)由薛换平编写,第八章(第一节、第三节)由张凯编写,第八章(第二节)由黄同军编写,第八章(第四~第五节)由邓凯曼编写,第九章由章铭德编写,第十章(第一节)、第十二章、第十三章(第一节~第四节)由李超男编写,第十章(第二节~第三节)由张志勇编写,第十章(第四节)、第十一章由夏建锋编写,第十三章(第五节~第七节)由谢海琴编写。

本书对市政工程资料从编制到归档进行了详细的说明和讲解,对进一步提高市政工程资料的管理水平及工程资料的整理、移交和规范化管理等都有很大的帮助。

本书在编写过程中,由于专业知识及实践经验的不足,难免存在遗漏和不足之处,敬请各位同行在使用中提出宝贵意见,至诚感谢。

编　者
2011年3月

目　录

第一章　概　述

第一节　市政公用基础设施工程管理文件的现状

在建设领域中,市政行业一直十分重视工程资料的管理和归档,对工程的维护、维修、改造提供了必不可少的依据。工程资料的真实性、可靠性对保证建筑工程的安全和使用功能提供了有力保障。市政工程由于工程战线长、建设环境变化大、涉及面宽、工期长、环节多等特点,给工程资料的收集带来了困难。市政工程(主要指道路、排水、桥梁、构筑物)自 2008 年颁布新标准,原行业标准废止后,尚未有一个统一的资料管理规程,归档顺序及内容没有一个较完善的格式,无法给现场的技术人员和交工验收时的验收人员提供一个较完善的标准和依据,造成工程资料不完善,给工程的检查、维修、改造加固等带来了意想不到的难度。随着国家新的质量验收规范的实施,一套完善的、符合实际施工现场需求的资料管理系统呼之欲出。

管理文件的形成来自多家单位,主要有建设单位、勘察单位、设计单位、监理单位、施工单位、检测单位以及材料供应商等,因此一套完整的工程资料来自于每一个参与工程建设的单位,每一家都负有收集资料、整理资料、核查资料真实性的重要责任。当然,最主要的还是施工单位的资料,因为它真实地反映了工程实体的施工质量,因此在本书中我们对施工单位的资料做了较为详细的阐述。

第二节　市政公用基础设施工程管理文件的内容及作用

市政公用基础设施工程管理文件资料的内容较多,包括开工前的工程准备阶段文件、工程监理文件、施工文件、竣工图和工程竣工文件等,记录了工程建设各参与单位在各个阶段形成的各种形式的信息。

市政公用基础设施工程管理文件资料的分类如下。

按照文件的形成阶段分为:开工前的工程准备阶段文件、工程监理文件、施工文件、竣工图和工程竣工文件等。按照文件的来源分为:建设单位的文件、政府主管部门批准的文件、勘察单位形成的文件、设计单位形成的文件、施工单位形成的文件、监理单位形成的文件以及竣工验收的文件等。

为了提高市政公用基础设施工程的管理水平,规范市政基础设施工程资料管理,根据国家有关法律、法规、规范、标准和规定,结合洛阳市市政基础设施工程管理的实际情况,编制了本书。

本书适用于新建、改建、扩建和维护的市政基础设施工程中的道路、桥梁、给水、排水、燃气、供热等各类管道及厂(场)站工程。

工程资料是对工程建设项目进行过程检查、竣工验收、质量评定、维修管理的依据。工程资料的验收应与工程竣工验收同步进行。工程资料不符合要求的,不得进行工程竣工验收。

本书规定了市政基础设施工程资料管理的基本要求。当与国家法律、行政法规相抵触时,应按国家法律、行政法规的规定执行。

凡按规定应向城建档案馆移交的工程档案,应逐步过渡到以光盘为载体的电子工程档案。

第三节　术　语

与市政公用基础设施工程管理文件相关的名词术语如下。

(1)工程文件:工程在建设过程中形成的各种形式的信息记录的统称,简称工程文件。

(2)工程文件管理:工程文件的填写、编制、审核、审批、收集、整理、组卷、移交及归档等工作的统称,简称工程文件管理。

(3)工程准备阶段文件:工程开工前,在立项、审批、征地、拆迁、勘察、设计、招投标等工程准备阶段形成的文件。

(4)工程监理文件:监理单位在工程建设监理过程中形成的文件。

(5)施工文件:施工单位在工程施工过程中形成的文件。

(6)竣工图:由施工单位编制形成,由监理、建设单位及城建档案部门验收认可,真实反映建设工程项目施工结果的图样。

(7)工程竣工文件:工程竣工验收、备案和移交等活动中形成的文件。

(8)工程档案:在工程建设活动中直接形成的具有归档保存价值的文字、图表、声像等各种形式的历史记录。

(9)组卷:按照一定原则和方法,将有保存价值的文件分类整理成案卷的过程,亦称组工程卷。

(10)归档:文件的形成单位按本书要求,资料形成文件整理立卷后,按规定移交档案管理单位。

第二章　管理规定与职责

第一节　市政公用基础设施工程管理文件的基本规定

工程文件应与工程建设过程同步形成,并应真实反映工程的建设情况和实体质量。

工程文件的管理应符合下列规定:

(1)工程文件管理应制度健全、岗位责任明确,并应纳入工程建设管理的各个环节和各级相关人员的职责范围。

(2)工程文件应按管理职责要求,分别由建设、监理、施工单位主管(技术)负责人组织本单位工程文件的全过程管理工作。工程文件的收集、整理和审核工作应由按规定已取得相应的岗位资格证书的专人负责。

(3)工程文件的套数、费用、移交时间应在合同中明确。

(4)工程文件的收集、整理、组卷、移交及归档应及时。

工程文件的形成应符合下列规定:

(1)工程文件的形成应符合国家相关工程建设的法律、法规、标准规范、工程合同的相关规定。

(2)工程文件的形成单位对资料内容的真实性、完整性、有效性负责;由多方形成的资料,应各负其责。

(3)工程文件的填写、编制、审核、审批、签认应及时进行,其内容应符合相关规定。

(4)工程文件严禁涂改、伪造,不得随意抽撤或损毁、丢失等。如发现,应按有关规定予以处罚;情节严重的,应依法追究法律责任。

(5)工程文件不得随意修改,当需修改时,应实行"杠改",并由修改人签署。必要时,应以适当方式注明或说明更改原因。

(6)工程文件的文字、图表、印章应清晰。

(7)工程文件应为原件;当为复印件时,必须保证是用原件复印,内容与原件相同,并可以清晰辨认。提供单位应加盖原件存放单位印章,并应有经办人签字及日期,注明原件存放处。提供单位应对资料的真实性负责。

(8)工程文件应内容完整、结论明确、签认手续齐全。

(9)所有工程文件均采用计算机管理。

(10)工程文件应采取资料数据打印输出加手写签名和全部数据计算机管理并行的方式。

(11)凡列入城建档案馆(室)接收范围的工程,电子工程档案管理数据库必须按城建档案馆的规定格式进行编制和管理。

第二节　市政公用基础设施工程文件管理职责

一、建设单位职责

(1)在工程招标及与参建各方签订协议或合同时,应对工程文件和工程档案的编制责任、套数、费用、质量和移交期限等提出明确要求。

(2)必须向参与工程建设的勘察、设计、监理、施工、管理等单位提供与建设工程有关的资料,原始资料必须真实、准确、齐全。

(3)由建设单位采购的各类原材料、构配件和设备,建设单位应保证其规格、性能、质量符合设计文件和合同要求,并保证相关施工物资资料的完整、真实、有效。

(4)负责组织、监督和检查参建单位工程文件的形成、积累和立卷归档工作,也可委托监理单位检查工程文件的立卷归档工作,并对应签认的工程文件签署意见及出具工程竣工验收报告。

(5)收集和汇总勘察、设计、施工、监理等单位立卷归档的工程档案。

(6)列入城建档案馆接收范围的工程档案,建设单位在组织竣工验收前,应提请城建档案管理部门对工程档案进行预验收,未取得工程档案预验收认可的,不得组织工程验收。

(7)列入城建档案馆接收范围的工程档案,建设单位应在工程竣工验收合格后三个月内移交城建档案馆。

二、勘察单位职责

(1)应按合同和技术规范要求提供工程勘察报告。

(2)按合同约定对须有勘察单位签认的工程资料及时签署意见,并出具工程质量检查报告。

(3)单位工程竣工验收记录应由勘察单位(项目)负责人签字,并加盖单位公章。

三、设计单位职责

(1)应按合同和规范要求提供设计图纸及文字说明等文件。

(2)工程建设实施过程中,设计单位应签认的工程资料应按要求及时签署意见。

(3)工程竣工验收时,设计单位应出具代表设计单位意见的工程质量检查报告。

(4)单位工程竣工验收记录应由设计单位(项目)负责人签字,并加盖单位公章。

四、监理单位职责

(1)应负责监理资料的管理工作,监理资料实行总监理工程师负责制,并设专人负责监理资料的收集、整理和归档工作。

(2)监理单位应按合同约定,分别在勘察、设计、施工阶段对勘察、设计、施工文件等资料的形成进行监督、检查,检查工程资料的真实性、完整性和准确性,使其符合有关规定的要求。

(3)监理单位应对按规定项目由监理出具和签认的工程资料予以及时出具和签署意见,出具或签认的期限可以共同商定,但应以不影响工程进度为原则。工程竣工验收时,监理单位应出具代表监理意见的监理评价报告。

(4)单位工程竣工验收记录应由监理单位(项目)负责人签字并加盖单位公章。

(5)列入城建档案馆接收范围的监理资料,监理单位应在工程竣工验收后三个月内移交建设单位,如有特殊情况,可协商解决。

五、施工单位职责

(1)应负责施工资料的管理工作,实行技术负责人负责制,逐级建立健全施工资料管理岗位责任制,并设专人对施工资料进行收集、整理和归档。

(2)应按工程技术规范的要求,对在施工中形成的过程资料及时收集、整理和归档,做到与工程施工同步。应由有关单位签认的资料应及时提请有关单位签认。当地建设行政主管部门对工程资料形成的内容、表格有具体要求时,应落实到位,实行统一管理。

(3)总承包单位负责汇总、审核各分包单位编制的施工资料。分包单位应负责其分包范围内施工资料的收集和整理,并对其施工资料的真实性、完整性和准确性负责。

(4)应在工程竣工验收前将施工资料整理汇总完毕,并移交建设单位进行工程竣工验收。单位工程竣工验收记录应由施工单位(项目)负责人签字,并加盖单位公章。

(5)负责编制的施工资料除自行保存一套外,根据合同规定向相关单位提供,其中包括移交城建档案馆原件一套。资料的保存年限应符合相应规定。如建设单位对施工资料的编制有特殊要求的,可另行约定。

六、检测机构职责

(1)应严格按国家规定的标准、程序进行检测,并对检测报告承担其相应的责任。

(2)应建立检测资料管理制度。检测的合同委托单、原始记录、检测报告等应按年度统一编号、存档,并应单独建立不合格检测项目台账。

(3)应将检测过程中发现的建设单位、监理单位、施工单位等违反有关法律、法规及工程建设强制性标准的情况,以及涉及工程结构安全、主要使用功能的检测结果不合格的情况,及时报告工程质量监督机构。

七、城建档案馆职责

(1)负责接收、保管和利用城市建设档案的日常管理工作。

(2)负责对城市建设工程档案的编制、整理、归档工作进行监督、检查、指导,对国家和市重大工程的建设工程档案编制、整理、归档工作应指派专业人员进行具体指导。

(3)在工程竣工验收之前,应对列入城建档案范围的工程档案进行预验收,并出具工程档案预验收认可文件。

(4)起草和拟定全市城建档案管理的相关规定,对全市城建档案工作进行监督指导。

第三章 工程文件管理

第一节 工程文件分类

一、工程文件分类

工程文件按照形成阶段分为工程准备阶段文件、工程监理文件、施工文件、竣工图和工程竣工文件5类。

(1)工程准备阶段文件。它可分为决策立项文件,建设用地、征地、拆迁文件,勘察、测绘、设计文件,招投标及合同文件,开工审批文件,财务文件,建设、施工、监理机构及负责人等7类。

(2)工程监理文件。它可分为监理管理文件、进度控制文件、质量控制文件、造价控制文件、合同管理文件和竣工验收文件等6类。

(3)施工文件。它可分为施工管理文件、施工技术文件、施工进度文件、施工物资文件、施工测量检测记录、施工记录、施工试验记录、功能性试验记录、施工质量验收记录、竣工验收文件等10类。

(4)竣工图。竣工图是建设工程竣工档案中最重要的部分,是工程建设完成后主要的凭证性材料,是建筑物真实的写照,是工程竣工验收的必要条件。

(5)工程竣工文件。它可分为工程竣工验收文件、竣工交档文件、竣工总结文件等3类。

二、工程文件(资料)类别、名称、来源及保存单位

工程文件(资料)类别、名称、来源及保存单位如表3-1所示。

表3-1 工程文件(资料)类别、名称、来源及保存单位

工程文件(资料)类别	工程文件(资料)名称	工程文件(资料)来源	保存单位			
			施工单位	监理单位	建设单位	城建档案馆
A 类	工程准备阶段文件					
A1 类	决策立项文件					
A1-1	项目建议书	建设单位			●	●
A1-2	项目建议书的批复文件	建设行政管理部门			●	●
A1-3	可行性研究报告及附件	建设单位			●	●

续表 3-1

工程文件（资料）类别	工程文件（资料）名称	工程文件（资料）来源	保存单位			
			施工单位	监理单位	建设单位	城建档案馆
A1－4	可行性研究报告的批复文件	建设行政管理部门			●	●
A1－5	关于立项的会议纪要、领导批示	建设单位			●	●
A1－6	工程立项的专家建议资料	建设单位			●	●
A1－7	项目评估研究资料	建设单位			●	●
A1－8	环境预测、调查报告	建设单位			●	●
A1－9	建设项目环境影响报告表	建设单位			●	●
A2 类	建设用地、征地、拆迁文件					
A2－1	选址申请及选址规划意见通知书	建设单位			●	●
A2－2	建设用地批准文件	土地行政管理部门			●	●
A2－3	拆迁安置意见、协议、方案等	市政府有关部门			●	●
A2－4	建设用地规划许可证及其附件	规划行政管理部门			●	●
A2－5	国有土地使用证	土地行政管理部门			●	●
A2－6	划拨建设用地文件	土地行政管理部门			●	●
A3 类	勘察、测绘、设计文件					
A3－1	工程地质勘察报告	勘察单位			●	●
A3－2	水文地质勘察报告、自然条件、地震调查	勘察单位			●	●
A3－3	建设用地钉桩通知单（书）	规划行政管理部门			●	●
A3－4	地形测量和拨地测量成果报告	测绘单位			●	●
A3－5	审定设计方案通知书及审查意见	规划行政管理部门			●	●
A3－6	审定设计方案通知书要求征求有关部门的审查意见和要求取得的有关协议	有关部门及规划行政管理部门			●	●
A3－7	初步设计图及设计说明	设计单位			●	
A3－8	技术设计图及设计说明	设计单位			●	
A3－9	施工图设计文件审查通知书及审查报告	施工图审查机构		○	●	●
A3－10	施工图及设计说明	设计单位		○	●	
A4 类	招投标及合同文件					
A4－1	勘察招投标文件	建设、勘察单位			●	

续表 3-1

工程文件(资料)类别	工程文件(资料)名称	工程文件(资料)来源	保存单位			
			施工单位	监理单位	建设单位	城建档案馆
A4－2	勘察合同	建设、勘察单位			●	●
A4－3	设计招投标文件	建设、设计单位			●	
A4－4	设计合同	建设、设计单位			●	●
A4－5	监理招投标文件	建设、监理单位		●	●	
A4－6	监理合同	建设、监理单位		●	●	
A4－7	施工招投标文件	建设、施工单位	●		●	
A4－8	施工合同	建设、施工单位	●		●	●
A5 类	开工审批文件					
A5－1	建设项目列入年度计划的申报文件	建设单位			●	●
A5－2	建设项目列入年度计划的批复文件或年度计划项目表	建设行政管理部门			●	●
A5－3	规划审批申报表及报送的文件和图纸	建设、设计单位			●	
A5－4	建设工程规划许可证及其附件	规划部门			●	●
A5－5	建设工程施工许可证及其附件	建设行政管理部门	●	●	●	●
A5－6	建设工程开工审查表	建设单位	○	○	●	
A5－7	投资许可证、审计证明、缴纳绿化建设费等证明	建设单位	●	●	●	
A5－8	工程质量监督手续	工程质量监督机构			●	●
A6 类	财务文件					
A6－1	工程投资估算文件	建设单位			●	
A6－2	工程设计概算文件	建设单位			●	
A6－3	工程施工图预算文件	设计单位			●	
A6－4	施工预算文件	施工单位			●	
A7 类	建设、施工、监理机构及负责人					
A7－1	工程项目管理机构(项目经理部)及负责人名单	建设单位			●	●
A7－2	工程项目监理机构(项目监理部)及负责人名单	监理单位		●	●	●

续表 3-1

工程文件 （资料） 类别	工程文件（资料）名称	工程文件（资料） 来源	保存单位			
			施工单位	监理单位	建设单位	城建 档案馆
A7-3	工程项目施工管理机构（施工 项目经理部）及负责人名单	施工单位	●		●	●
A 类其他文件						
B 类		工程监理文件				
B1 类		监理管理文件				
B1-1	项目监理机构组建报告	监理单位		●	●	●
B1-2	总监理工程师授权书	监理单位		●	●	●
B1-3	专业监理工程师授权书	监理单位		●	●	●
B1-4	监理规划	监理单位		●	●	●
B1-5	监理实施细则	监理单位		●	●	●
B1-6	监理月报	监理单位		●	●	
B1-7	监理会议纪要	监理单位		●	●	●
B1-8	监理工作日志	监理单位	○	●		
B1-9	监理工作总结	监理单位	○	●	●	●
B1-10	工作联系单	监理单位	○	○		
B1-11	监理工程师通知	监理单位	○	○		
B1-12	监理工程师通知回复单	施工单位	○	○		
B1-13	工程分包单位（供货单位、试验 单位）报审表	施工单位	○	○		
B2 类		进度控制文件				
B2-1	工程开工/复工报告及报审表	施工单位	●	●	●	●
B2-2	工程暂停令	监理单位	●	●	●	●
B3 类		质量控制文件				
B3-1	质量事故报告及处理资料	监理单位	●	●	●	●
B3-2	不合格项目通知、反馈及处理 意见	监理单位		●		●
B3-3	旁站监理记录	监理单位	○	●	●	
B3-4	见证取样和送检见证人员备案 表	监理单位或建设单位	●	●	●	
B4 类		造价控制文件				

续表 3-1

工程文件（资料）类别	工程文件(资料)名称	工程文件(资料)来源	保存单位			
			施工单位	监理单位	建设单位	城建档案馆
B4-1	工程款支付申请表	施工单位	○	○	●	
B4-2	工程款支付证书	施工单位	○	○	●	
B4-3	工程变更费用报审表	施工单位	○	○	●	
B4-4	费用索赔申请表	施工单位	○	○	●	
B4-5	费用索赔审批表	施工单位	○	○	●	
B4-6	工程竣工决算审核意见书	监理单位		○	●	●
B5 类	合同管理文件					
B5-1	委托监理合同	监理、建设单位		●	●	●
B5-2	工程延期报告及报审表	施工单位	●	●	●	●
B5-3	合同争议、违约报告及处理意见	监理单位	●	●	●	●
B6 类	竣工验收文件					
B6-1	单位(子单位)工程竣工预验收报验表	监理单位	●	●	●	●
B6-2	单位(子单位)工程质量竣工预验收记录	监理单位	●	●	●	●
B6-3	单位(子单位)工程质量控制资料核查记录	监理单位	●	●	●	●
B6-4	单位(子单位)工程安全和功能检验资料核查及主要功能抽查记录	监理单位	●	●	●	●
B6-5	单位(子单位)工程观感质量检查记录	监理单位	●	●	●	●
B6-6	工程质量评估报告	监理单位	●	●	●	●
B6-7	监理资料移交书	建设、监理单位		○	●	
B 类其他文件						
C 类	施工文件					
C1 类	施工管理文件					
C1-1	工程概况表	施工单位	●	●	●	●
C1-2	施工现场质量管理检查记录	施工单位	○	○		
C1-3	分包单位资质报审表	总承包单位	●	●	●	

续表 3-1

工程文件 (资料) 类别	工程文件(资料)名称	工程文件(资料) 来源	保存单位			
			施工单位	监理单位	建设单位	城建 档案馆
C1－4	建设工程质量事故调查、勘查记录	调查单位	●	●	●	●
C1－5	施工日志	施工单位	●			●
C1－6	监理工程师通知回复单	施工单位	○	○		
C1－7	企业资质证书及相关人员岗位证书	施工单位	○	○		
C1－8	施工监测计划	施工单位	○	○		
C1－9	建设工程质量事故报告书	调查单位	●	●	●	●
C2 类		施工技术文件				
C2－1	工程技术文件报审表	施工单位	●	●		
C2－2	施工组织设计及施工方案	施工单位	●			●
C2－3	施工组织设计审批表	施工单位	●		●	●
C2－4	施工组织设计报审表	施工单位	●	●	●	●
C2－5	危险性较大分部分项工程施工方案专家论证表	施工单位	○	○		
C2－6	施工图设计文件会审记录	监理单位	●	●	●	●
C2－7	设计交底记录	设计单位	●	●	●	●
C2－8	技术交底记录	施工单位	●			●
C2－9	安全交底记录	施工单位	●			●
C2－10	工程洽商记录	施工单位	●	●	●	●
C2－11	设计变更通知单	设计单位	●	●	●	●
C3 类		施工进度文件				
C3－1	工程开工报审表	施工单位	●	●	●	
C3－2	工程开工报告	施工单位	●	●	●	
C3－3	工程复工报审表	监理单位	●	●	●	
C3－4	施工进度计划报审表	施工单位	○	○	○	
C3－5	施工进度计划	施工单位	○	○	○	
C3－6	人、机、料动态表	施工单位	○	○	○	
C3－7	工程延期申请表	施工单位	●	●	●	
C3－8	工程款支付申请表	施工单位	○	○	●	

续表 3-1

工程文件（资料）类别	工程文件（资料）名称	工程文件（资料）来源	保存单位			
			施工单位	监理单位	建设单位	城建档案馆
C3-9	工程变更费用报审表	施工单位	○	○	●	
C3-10	费用索赔申请表	施工单位	○	○	●	
C4类		施工物资文件				
C4-1	工程物资选样送审表	施工单位	●	●	●	
C4-2	主要原材料、构配件出厂证明文件及复试报告目录	施工单位	●		●	●
C4-3	产品合格证					
C4-3-1	半成品钢筋出厂合格证	厂家提供	●	●	●	●
C4-3-2	预拌混凝土出厂合格证	厂家提供	●		●	●
C4-3-3	预制钢筋混凝土梁、板、墩、桩、柱出厂合格证	厂家提供	●		●	●
C4-3-4	钢构件出厂合格证	厂家提供	●		●	●
C4-3-5	水泥出厂合格证	厂家提供	●	●	●	●
C4-3-6	钢筋出厂合格证	厂家提供	●	●	●	●
C4-3-7	石灰粉煤灰砂砾出厂合格证	厂家提供	●	●	●	●
C4-3-8	水泥粉煤灰稳定碎石出厂合格证	厂家提供	●	●	●	●
C4-3-9	热拌沥青混合料出厂合格证	厂家提供	●	●	●	●
C4-3-10	道路石油沥青出厂合格证	厂家提供	●	●	●	●
C4-3-11	砖出厂合格证	厂家提供	●	●	●	●
C4-3-12	路用小型预制构件出厂合格证	厂家提供	●	●	●	●
C4-3-13	产品合格证粘贴衬纸	施工单位	●	●	●	●
C4-4		设备、材料进场检验记录				
C4-4-1	材料、构配件进场检验记录	施工单位	●	●	●	●
C4-4-2	设备/配(备)件开箱检验记录	施工单位	●	●	●	●
C4-4-3	预制混凝土构件、管材进场抽检记录	施工单位	●	●	●	●
C4-5		材料进场复试报告				

续表 3-1

工程文件（资料）类别	工程文件（资料）名称	工程文件（资料）来源	保存单位			
			施工单位	监理单位	建设单位	城建档案馆
C4－5－1	有见证试验汇总表	施工单位	●	●	●	
C4－5－2	见证记录	施工单位	●	●	●	●
C4－5－3	材料试验报告（通用）	检测单位	●	●	●	
C4－5－4	水泥试验报告	检测单位	●	●	●	
C4－5－5	钢材试验报告	检测单位	●	●	●	
C4－5－6	砂试验报告	检测单位	●	●	●	
C4－5－7	卵（碎）石试验报告	检测单位	●	●	●	
C4－5－8	砌筑块（砖）试验报告	检测单位	●	●	●	
C4－5－9	生石灰试验报告	检测单位	●	●	●	
C4－5－10	粉煤灰试验报告	检测单位	●	●	●	
C4－5－11	轻集料试验报告	检测单位	●	●	●	
C4－5－12	掺和料试验报告	检测单位	●	●	●	
C4－5－13	外掺剂试验报告	检测单位	●	●	●	
C4－5－14	沥青试验报告	检测单位	●	●	●	
C4－5－15	沥青胶结材料试验报告	检测单位	●	●	●	
C4－5－16	粗集料试验报告	检测单位	●	●	●	
C4－5－17	细集料试验报告	检测单位	●	●	●	
C4－5－18	矿粉试验报告	检测单位	●	●	●	
C4－5－19	防水涂料试验报告	检测单位	●	●	●	
C4－5－20	防水卷材试验报告	检测单位	●	●	●	
C4－5－21	环氧煤沥青涂料性能试验报告	检测单位	●	●	●	
C4－5－22	橡胶止水带检验报告	检测单位	●	●	●	
C4－5－23	伸缩缝密封填料试验报告	检测单位	●	●	●	
C4－5－24	预应力筋复试报告	检测单位	●	●	●	
C4－5－25	预应力锚具、夹具和连接器检验报告	检测单位	●	●	●	
C4－5－26	金属波纹管质量检验报告	厂家提供	●	●	●	
C4－5－27	碳素波纹管质量检验报告	厂家提供	●	●	●	
C4－5－28	玻璃钢夹砂管质量检验报告	厂家提供	●	●	●	●

续表 3-1

工程文件（资料）类别	工程文件（资料）名称	工程文件（资料）来源	保存单位			
			施工单位	监理单位	建设单位	城建档案馆
C4－5－29	钢筋混凝土管质量检验报告	厂家提供	●	●	●	●
C4－5－30	土工合成材料质量检验报告	厂家提供	●	●	●	●
C5 类	施工测量检测记录					
C5－1	导线点复测记录	施工单位	●	○	●	●
C5－2	水准点复测记录	施工单位	●	○	●	●
C5－3	定位测量记录	施工单位	●	○	●	●
C5－4	测量复核记录	施工单位	●	○	●	●
C5－5	水准测量成果表	施工单位	●	○	●	●
C5－6	沉降观测记录	施工单位	●	○	●	●
C5－7	竣工测量记录	施工单位	●	○	●	●
C6 类	施工记录					
C6－1	施工通用记录					
C6－1－1	隐蔽工程检查记录	施工单位	●	○	●	●
C6－1－2	预检工程检查记录	施工单位	●	○	●	●
C6－1－3	交接检查记录	施工单位	●	○	●	●
C6－2	基础/主体结构工程通用施工记录					
C6－2－1	地基处理记录	施工单位	●	○	●	●
C6－2－2	地基钎探记录	施工单位	●	○	●	●
C6－2－3	沉井工程施工记录	施工单位	●	○	●	●
C6－2－4	打桩施工记录	施工单位	●	●	●	●
C6－2－5	桩基施工记录（通用）	施工单位	●	○	●	●
C6－2－6	钻孔桩钻进记录（冲击钻）	施工单位	●	○	●	●
C6－2－7	钻孔桩钻进记录（旋转钻）	施工单位	●	○	●	●
C6－2－8	钻孔桩成孔质量检查记录	施工单位	●	○	●	●
C6－2－9	钻孔桩水下混凝土灌注记录	施工单位	●	○	●	●
C6－2－10	沉入桩检查记录	施工单位	●	○	●	●
C6－2－11	预应力筋张拉数据记录	施工单位	●	○	●	●
C6－2－12	预应力筋张拉记录（一）	施工单位	●	○	●	●
C6－2－13	预应力筋张拉记录（二）	施工单位	●	○	●	●

续表 3-1

工程文件（资料）类别	工程文件（资料）名称	工程文件（资料）来源	保存单位			
			施工单位	监理单位	建设单位	城建档案馆
C6－2－14	预应力张拉记录（后张法一端张拉）	施工单位	●	○	●	●
C6－2－15	预应力张拉记录（后张法两端张拉）	施工单位	●	○	●	●
C6－2－16	预应力张拉孔道压浆记录	施工单位	●	○	●	●
C6－2－17	构件吊装施工记录	施工单位	●	○	●	●
C6－2－18	预制安装水池壁板缠绕钢丝应力测定记录	施工单位	●	○	●	●
C6－2－19	防水工程施工记录	施工单位	●	○	●	●
C6－2－20	混凝土浇筑记录	施工单位	●	○	●	●
C6－2－21	混凝土测温记录	施工单位	●	○	●	●
C6－2－22	冬施混凝土搅拌测温记录	施工单位	●	○	●	●
C6－2－23	冬施混凝土养护测温记录	施工单位	●	○	●	●
C6－2－24	沥青混合料到场及摊铺测温记录	施工单位	●	○	●	●
C6－2－25	沥青混合料碾压温度检测记录	施工单位	●	○	●	●
C6－2－26	箱涵顶进施工记录	施工单位	●	○	●	●
C6－2－27	桩检测报告	检测单位	●	○	●	●
C6－2－28	钢箱梁安装检查记录	专业施工单位	●	○	●	●
C6－2－29	高强螺栓连接检查记录	专业施工单位	●	○	●	●
C6－2－30	桥梁支座安装记录	专业施工单位	●	○	●	●
C6－3	管（隧）道工程施工记录					
C6－3－1	焊工资格备案表	施工单位	●	○	●	●
C6－3－2	焊缝综合质量评价汇总表	施工单位	●	○	●	●
C6－3－3	焊缝排位记录及示意图	施工单位	●	○	●	●
C6－3－4	聚乙烯管道连接记录	施工单位	●	○	●	●
C6－3－5	聚乙烯管道焊接工作汇总表	施工单位	●	○	●	●
C6－3－6	钢管变形检查记录	施工单位	●	○	●	●
C6－3－7	管架（固、支、吊、滑等）安装调整记录	施工单位	●	○	●	●

续表 3-1

工程文件 （资料） 类别	工程文件(资料)名称	工程文件(资料) 来源	保存单位			
			施工单位	监理单位	建设单位	城建 档案馆
C6－3－8	补偿器安装记录	施工单位	●	○	●	●
C6－3－9	补偿器冷拉记录	施工单位	●	○	●	●
C6－3－10	防腐层施工质量检查记录	施工单位	●	○	●	●
C6－3－11	牺牲阳极埋设记录	施工单位	●	○	●	●
C6－3－12	顶管工程顶进记录	施工单位	●	○	●	●
C6－3－13	浅埋暗挖法施工检查记录	施工单位	●	○	●	●
C6－3－14	盾构法施工记录	施工单位	●	○	●	●
C6－3－15	盾构管片拼装记录	施工单位	●	○	●	●
C6－3－16	小导管施工记录	施工单位	●	○	●	●
C6－3－17	大管棚施工记录	施工单位	●	○	●	●
C6－3－18	隧道支护施工记录	施工单位	●	○	●	●
C6－3－19	注浆检查记录	施工单位	●	○	●	●
C6－4	厂(场)站工程施工记录					
C6－4－1	设备基础检查验收记录	施工单位	●	○	●	●
C6－4－2	钢制平台/钢架制作安装检查记录	施工单位	●	○	●	●
C6－4－3	设备安装检查记录(通用)	施工单位	●	○	●	●
C6－4－4	设备联轴器对中检查记录	施工单位	●	○	●	●
C6－4－5	容器安装检查记录	施工单位	●	○	●	●
C6－4－6	安全附件安装检查记录	施工单位	●	○	●	●
C6－4－7	软化水处理设备安装调试记录	施工单位	●	○	●	●
C6－4－8	燃烧器及燃料管路安装记录	施工单位	●	○	●	●
C6－4－9	管道/设备保温施工检查记录	施工单位	●	○	●	●
C6－4－10	净水厂水处理工艺系统调试记录	施工单位	●	○	●	●
C6－4－11	加药、加氯工艺系统调试记录	施工单位	●	○	●	●
C6－4－12	离心水泵综合效率试验记录	施工单位	●	○	●	●
C6－4－13	水处理工艺管线验收记录	施工单位	●	○	●	●
C6－4－14	污泥处理工艺系统调试记录	施工单位	●	○	●	●
C6－4－15	自控系统调试记录	施工单位	●	○	●	●

续表 3-1

工程文件（资料）类别	工程文件（资料）名称	工程文件（资料）来源	保存单位			
			施工单位	监理单位	建设单位	城建档案馆
C6－4－16	自控设备单台安装记录	施工单位	●	○	●	●
C6－5		电气安装工程施工记录				
C6－5－1	电气安装工程分项自检、互检记录	施工单位	●	○	●	●
C6－5－2	电缆敷设检查记录	施工单位	●	○	●	●
C6－5－3	电气照明装置安装检查记录	施工单位	●	○	●	●
C6－5－4	电线(缆)钢导管安装检查记录	施工单位	●	○	●	●
C6－5－5	成套开关柜(盘)安装检查记录	施工单位	●	○	●	●
C6－5－6	盘、柜安装及二次接线检查记录	施工单位	●	○	●	●
C6－5－7	避雷装置安装检查记录	施工单位	●	○	●	●
C6－5－8	起重机电气安装检查记录	施工单位	●	○	●	●
C6－5－9	电机安装检查记录	施工单位	●	○	●	●
C6－5－10	变压器安装检查记录	施工单位	●	○	●	●
C6－5－11	高压隔离开关、负荷开关及熔断器安装检查记录	施工单位	●	○	●	●
C6－5－12	电缆头(中间接头)制作记录	施工单位	●	○	●	●
C6－5－13	厂区供水设备、供电系统调试记录	施工单位	●	○	●	●
C6－5－14	自动扶梯安装前检查记录	施工单位	●	○	●	●
C7 类		施工试验记录（通用）				
C7－1	施工试验记录(通用)	检测单位、施工单位	●	○	●	●
C7－2		基础/主体结构工程通用施工试验记录				
C7－2－1	土壤液塑限联合测定记录	检测单位	●	○	●	●
C7－2－2	土壤(无机料)最大干密度与最佳含水量试验报告	检测单位	●	○	●	●
C7－2－3	土壤压实度试验记录(环刀法)	施工单位、检测单位	●	○	●	●
C7－2－4	土壤压实度试验记录(水袋法)	施工单位、检测单位	●	○	●	●
C7－2－5	砂浆配合比申请单、通知单	检测单位	●	○	●	●

续表 3-1

工程文件（资料）类别	工程文件（资料）名称	工程文件（资料）来源	保存单位			
			施工单位	监理单位	建设单位	城建档案馆
C7－2－6	砂浆抗压强度试验报告	检测单位	●	○	●	●
C7－2－7	砂浆试块强度试验汇总表	施工单位	●	○	●	●
C7－2－8	砂浆试块强度统计评定记录	施工单位	●	○	●	●
C7－2－9	混凝土配合比申请单、通知单	检测单位	●	○	●	●
C7－2－10	混凝土抗压强度试验报告	检测单位	●	○	●	●
C7－2－11	混凝土抗折强度试验报告	检测单位	●	○	●	●
C7－2－12	混凝土抗渗试验报告	检测单位	●	○	●	●
C7－2－13	混凝土强度（性能）试验汇总表	施工单位	●	○	●	●
C7－2－14	混凝土试块强度统计评定记录	施工单位	●	○	●	●
C7－2－15	钢筋机械连接试验报告	检测单位	●	○	●	●
C7－2－16	钢筋焊接连接试验报告	检测单位	●	○	●	●
C7－2－17	射线检测报告	检测单位	●	○	●	●
C7－2－18	射线检测报告底片评定记录	检测单位	●	○	●	●
C7－2－19	超声波检测报告	检测单位	●	○	●	●
C7－2－20	超声波检测报告评定记录	检测单位	●	○	●	●
C7－2－21	磁粉检测报告	检测单位	●	○	●	●
C7－2－22	渗透检测报告	检测单位	●	○	●	●
C7－3	道路、桥梁工程试验记录					
C7－3－1	石灰类无机混合料中石灰剂量检验报告	施工单位、检测单位	●	○	●	●
C7－3－2	道路基层混合料抗压强度试验报告	检测单位	●	○	●	●
C7－3－3	压实度试验记录（灌砂法）	施工单位、检测单位	●	○	●	●
C7－3－4	沥青混合料压实度试验报告（蜡封法）	检测单位	●	○	●	●
C7－3－5	道路结构层厚度检验记录	施工单位、检测单位	●	○	●	●
C7－3－6	道路结构层平整度检查记录	施工单位、检测单位	●	○	●	●
C7－3－7	路面粗糙度检查记录	施工单位、检测单位	●	○	●	●
C8 类	功能性试验记录					
C8－1	道路、桥梁工程功能性试验记录					
C8－1－1	回弹弯沉记录	施工单位、检测单位	●	○	●	●
C8－1－2	桥梁功能性试验委托书	施工单位	●	○	●	●

续表 3-1

工程文件 （资料） 类别	工程文件（资料）名称	工程文件（资料） 来源	保存单位			
			施工单位	监理单位	建设单位	城建 档案馆
C8-1-3	桥梁功能性试验报告	检测单位	●	○	●	●
C8-2	管（隧）道工程功能性试验记录					
C8-2-1	给水管道水压试验记录	施工单位	●	○	●	●
C8-2-2	给水、供热管网清洗记录	施工单位	●	○	●	●
C8-2-3	供热管道水压试验记录	施工单位	●	○	●	●
C8-2-4	供热管网（场站）试运行记录	施工单位	●	○	●	●
C8-2-5	燃气管道通球试验记录	施工单位	●	○	●	●
C8-2-6	燃气管道强度试验记录	施工单位	●	○	●	●
C8-2-7	燃气管道严密性试验验收单	施工单位	●	○	●	●
C8-2-8	燃气管道严密性试验记录（一）	施工单位	●	○	●	●
C8-2-9	燃气管道严密性试验记录（二）	施工单位	●	○	●	●
C8-2-10	户内燃气设施强度/严密性试验 记录	施工单位	●	○	●	●
C8-2-11	燃气储罐总体试验记录	施工单位	●	○	●	●
C8-2-12	阀门试验记录	施工单位	●	○	●	●
C8-2-13	管道系统吹洗（脱脂）记录	施工单位	●	○	●	●
C8-2-14	阴极保护系统验收测试记录	测试单位	●	○	●	●
C8-2-15	无压力管道严密性试验记录	施工单位、检测单位	●	○	●	●
C8-3	厂（场）站设备安装工程施工试验记录					
C8-3-1	调试记录（通用）	施工单位	●	○	●	●
C8-3-2	运转设备试运行记录（通用）	施工单位	●	○	●	●
C8-3-3	设备强度/严密性试验记录	施工单位	●	○	●	●
C8-3-4	起重机试运转试验记录	施工单位	●	○	●	●
C8-3-5	设备负荷联动（系统）试运行记 录	施工单位	●	○	●	●
C8-3-6	安全阀调试记录	施工单位	●	○	●	●
C8-3-7	水池满水试验记录	施工单位	●	○	●	●
C8-3-8	污泥消化池气密性试验记录	施工单位	●	○	●	●

续表 3-1

工程文件（资料）类别	工程文件（资料）名称	工程文件（资料）来源	保存单位			
			施工单位	监理单位	建设单位	城建档案馆
C8－3－9	曝气均匀性试验记录	施工单位	●	○	●	●
C8－3－10	防水工程试水记录	施工单位	●	○	●	●
C8－4	电气工程施工试验记录					
C8－4－1	电气绝缘电阻测试记录	施工单位	●	○	●	●
C8－4－2	电气接地电阻测试记录	施工单位	●	○	●	●
C8－4－3	电气照明全负荷试运行记录	施工单位	●	○	●	●
C8－4－4	电机试运行记录	施工单位	●	○	●	●
C8－4－5	电气接地装置平面示意图与隐检记录	施工单位	●	○	●	●
C8－4－6	变压器试运行检查记录	施工单位	●	○	●	●
C9 类	施工质量验收记录					
C9－1	检验批质量验收记录	施工单位	●	●	●	●
C9－2	分项工程质量验收记录	施工单位	●	●	●	●
C9－3	分部（子分部）工程质量验收记录	施工单位	●	●	●	●
C10 类	竣工验收文件					
C10－1	工程竣工总结、工程竣工报告	施工单位	●	●	●	●
C10－2	单位（子单位）工程竣工预验收报验表	施工单位	●	●	●	●
C10－3	单位（子单位）工程质量竣工验收记录	施工单位	●	●	●	●
C10－4	单位（子单位）工程质量控制资料核查记录	施工单位	●	●	●	●
C10－5	单位（子单位）工程安全和功能检验资料核查及主要功能抽查记录	施工单位	●	●	●	●
C10－6	单位（子单位）工程观感质量检查记录	施工单位	●	●	●	●
C10－7	工程质量竣工验收证书	施工单位	●	●	●	●
C10－8	市政工程移交书（向接收单位移交）	施工单位	●	●	●	●
C10－9	施工资料移交书（向验收单位移交）	施工单位	●	●	●	●

续表 3-1

工程文件（资料）类别	工程文件（资料）名称	工程文件（资料）来源	保存单位			
			施工单位	监理单位	建设单位	城建档案馆
C 类其他文件						
D 类	竣工图					
E 类	工程竣工文件					
E1 类	工程竣工验收文件					
E1－1	勘察单位工程质量检查报告	勘察单位	●	○	●	●
E1－2	设计单位工程质量检查报告	设计单位	●	●	●	●
E1－3	工程竣工验收报告	建设单位	●	●	●	●
E1－4	规划、消防、环保等部门出具的认可文件或准许使用文件	政府主管部门	●	●	●	●
E1－5	市政工程质量保修书	施工单位	●		●	●
E1－6	建设工程竣工验收备案表	建设单位			●	●
E2 类	竣工交档文件					
E2－1	工程竣工档案预验收意见	城建档案馆			●	●
E2－2	施工资料移交书	施工单位	●		●	●
E2－3	监理资料移交书	监理单位		●	●	●
E3 类	竣工总结文件					
E3－1	工程竣工总结	建设单位	●		●	●
E3－2	竣工新貌影像资料	建设单位	●		●	●
E 类其他文件						

注:1.表中工程文件(资料)名称与文件(资料)保存单位所对应的栏中"●"表示"归档保存";"○"表示"过程保存",是否归档保存可自行确定;检测单位表样由检测单位提供。

2.勘察单位保存资料内容应包括工程地质勘察报告、勘察招投标文件、勘察合同、勘察单位工程质量检查报告以及勘察单位签署的有关质量验收记录等。

3.设计单位保存资料内容应包括审定设计方案通知书及审查意见、审定设计方案通知书要求、征求有关部门的审查意见和要求取得的有关协议、初步设计图及设计说明、施工图及设计说明、消防设计审核意见、施工图设计文件审查通知书及审查报告、设计招投标文件、设计合同、图纸会审记录、设计变更通知单、设计单位签署意见的工程洽商记录、设计单位工程质量检查报告以及设计单位签署的有关质量验收记录。

第二节　工程文件的形成

一、工程准备阶段文件的形成

工程准备阶段文件的形成如图 3-1 所示。

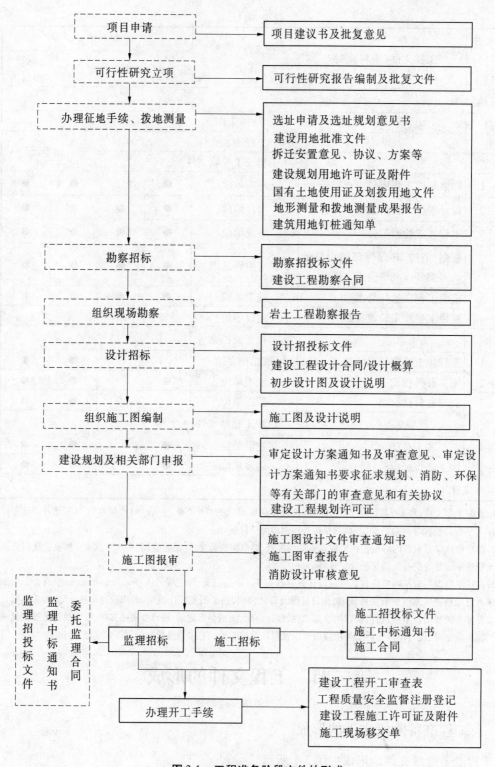

图 3-1　工程准备阶段文件的形成

二、工程实施阶段文件管理流程

工程实施阶段文件管理流程如图 3-2 所示。

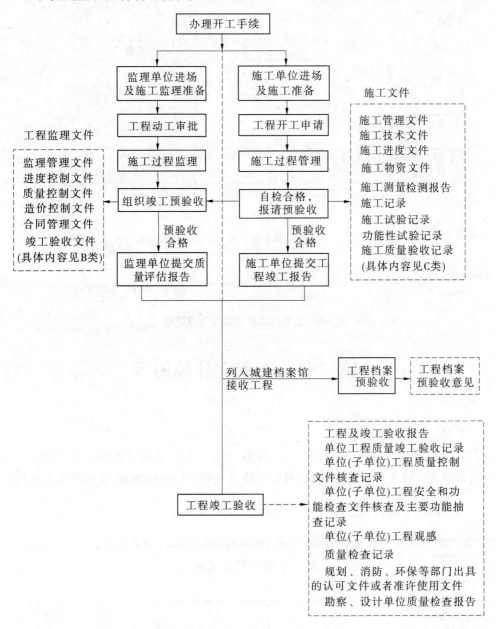

图 3-2　工程实施阶段文件管理流程

三、工程竣工阶段文件管理流程

工程竣工阶段文件管理流程如图 3-3 所示。

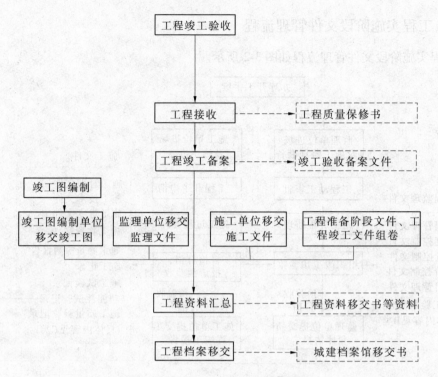

图 3-3　工程竣工阶段文件管理流程

第三节　工程文件编码

一、工程文件编码的填写

施工文件是在整个施工过程中形成的管理、技术、质量、物资等各方面的资料和记录，种类多，数量大。建立科学、规范的资料编码体系有利于过程的整理、查询和组卷归档。

二、工程文件表格的编码

由表式码、编码(专业工程分类码、顺序码)两部分组成。如下所示：

隐蔽工程检查记录表

C6 - 1 - 1(表式码)

工程名称		编码	Q2 - 1 - 020
施工单位		隐检日期	

三、表式码

工程文件的编码、未附表格或由专业施工单位提供的工程资料，应参照本章第四节专业工程分类编码参考表的分类办法,在工程文件的右上角注明编码。

四、专业工程分类码

专业工程分类码按表 3-2《专业工程分类编码参考表》进行(如浆砌块石砌筑墩台 Q4 - 1)。参考表中未包含的项目,施工单位应按相应类别自行编码,并在总目录卷中予以说明。

五、顺序码

按检验批(分项)和时间顺序,用阿拉伯数字从 001 开始依次标注。

第四节　专业工程分类编码参考表

专业工程分类编码参考表如表 3-2 所示。

表 3-2　专业工程分类编码参考表

子单位	分部	分项	检验批
道路工程 (D)	路基工程 (D1)	土方路基(D1 - 1)	每条路或路段
		挖石方路基(D1 - 2)	每条路或路段
		填石方路基(D1 - 3)	每条路或路段
		路肩(D1 - 4)	每条路肩
		砂垫层处理软土路基(D1 - 5A)	每条处理段
		反压护道处理软土路基(D1 - 5B)	每条处理段
		土工合成材料处理软土路基(D1 - 5C)	每条处理段
		袋装砂井处理软土路基(D1 - 5D)	每条处理段
		塑料排水板处理软土路基(D1 - 5E)	每条处理段
		砂桩处理软土路基(D1 - 5F)	每条处理段
		碎石桩处理软土路基(D1 - 5G)	每条处理段
		粉喷桩处理软土路基(D1 - 5H)	每条处理段
		湿陷性黄土路基强夯处理(D1 - 5I)	每条处理段
	基层工程 (D2)	石灰稳定土类基层及底基层(D2 - 1)	每条路或路段
		石灰、粉煤灰稳定砂砾(碎石)基层及底基层(D2 - 2)	每条路或路段
		石灰、粉煤灰稳定钢渣基层及底基层(D2 - 3)	每条路或路段
		水泥稳定土类基层(D2 - 4)	每条路或路段
		级配砂砾及级配砾石基层和底基层(D2 - 5)	每条路或路段
		级配碎石及级配碎砾石基层和底基层(D2 - 6)	每条路或路段
		沥青碎石基层(D2 - 7)	每条路或路段
		沥青贯入式碎石基层及底基层(D2 - 8)	每条路或路段
		水泥、粉煤灰稳定砂砾(碎石)基层及底基层(D2 - 9)	每条路或路段

续表 3-2

子单位	分部	分项	检验批
道路工程 （D）	路面工程 （D3）	透层、黏层、封层（D3－1）	每条路或路段
		热拌沥青混合料（D3－2）	每条路或路段
		热拌沥青混合料面层（D3－3）	每条路或路段
		冷拌沥青混合料面层（D3－4）	每条路或路段
		沥青贯入式面层（D3－5）	每条路或路段
		沥青表面处治面层（D3－6）	每条路或路段
		水泥混凝土原材料（D3－7）	每条路或路段
		水泥混凝土面层模板安装（D3－8）	每条路或路段
		水泥混凝土面层钢筋加工（D3－9）	每条路或路段
		水泥混凝土面层钢筋安装（D3－10）	每条路或路段
		水泥混凝土面层（D3－11）	每条路或路段
		料石面层（D3－12）	每条路或路段
		预制混凝土砌块面层（D3－13）	每条路或路段
	广场与停 车场工程 （D4）	广场与停车场料石面层（D4－1）	每个广场或划分的区段
		广场与停车场预制混凝土砌块面层（D4－2）	每个广场或划分的区段
		广场与停车场沥青混合料面层（D4－3）	每个广场或划分的区段
		广场与停车场水泥混凝土面层（D4－4）	每个广场或划分的区段
	人行道工程 （D5）	料石铺砌人行道面层（D5－1）	每条路或路段
		混凝土预制块铺砌人行道面层（D5－2）	每条路或路段
		沥青混合料铺筑面层（D5－3）	每条路或路段
	人行地道 结构（D6）	人行地道结构基础模板安装（D6－1）	每座通道
		人行地道结构侧墙与顶板模板安装（D6－2）	每座通道
		人行地道结构钢筋加工（D6－3）	每座通道
		人行地道结构钢筋成型与安装（D6－4）	每座通道
		现浇钢筋混凝土人行地道结构（D6－5）	每座通道
		预制安装钢筋混凝土人行地道结构（混凝土基础） （D6－6）	每座通道
		预制安装钢筋混凝土人行地道结构（预制墙板） （D6－7）	每座通道
		预制安装钢筋混凝土人行地道结构（预制顶板） （D6－8）	每座通道
		预制安装钢筋混凝土人行地道结构（墙板、顶板安 装）（D6－9）	每座通道
		预制安装钢筋混凝土人行地道结构（墙体砌筑） （D6－10）	每座通道

续表 3-2

子单位	分部	分项	检验批
道路工程（D）	挡土墙（D7）	现浇钢筋混凝土挡土墙钢筋加工（D7-1）	每道墙体或分段
		现浇钢筋混凝土挡土墙钢筋成型与安装（D7-2）	每道墙体或分段
		现浇钢筋混凝土挡土墙（D7-3）	每道墙体或分段
		挡土墙预制混凝土栏杆（D7-4）	每道墙体或分段
		挡土墙栏杆安装（D7-5）	每道墙体或分段
		装配式钢筋混凝土挡土墙（混凝土基础）（D7-6）	每道墙体或分段
		预制安装钢筋混凝土人行地道结构（预制墙板）（D7-7）	每道墙体或分段
		现浇钢筋混凝土挡土墙（墙板安装）（D7-8）	每道墙体或分段
		砌体挡土墙（料石）（D7-9）	每道墙体或分段
		砌体挡土墙（块石、片石）（D7-10）	每道墙体或分段
		砌体挡土墙（预制块）（D7-11）	每道墙体或分段
		加筋挡土墙墙板安装（D7-12）	每道墙体或分段
		加筋挡土墙总体（D7-13）	每道墙体或分段
	附属构筑物（D8）	立缘石、平缘石安砌（D8-1）	每条路或路段
		雨水支管与雨水口（D8-2）	每条路或路段
		砌筑排（截）水沟（D8-3）	每条路或路段
		倒虹吸管（D8-4）	每条路或路段
		预制管材涵洞（D8-5）	每条路或路段
		浆砌块石护坡（D8-6）	每条路或路段
		浆砌料石护坡（D8-7）	每条路或路段
		混凝土砌块护坡（D8-8）	每条路或路段
		隔离墩（D8-9）	每条路或路段
		隔离栅（D8-10）	每条路或路段
		护栏（D8-11）	每条路或路段
		砌体声屏障（D8-12）	每处声屏障
		金属声屏障（D8-13）	每处声屏障
		防眩板（D8-14）	每条路或路段

续表 3-2

子单位	分部	分项	检验批
桥梁工程（Q）	模板支架和拱架（Q1）	木模板制作（Q1－1）	各分部（子分部）工程以及分项工程的具体规定
		钢模板制作（Q1－2）	
		模板、支架和拱架安装（Q1－3）	
	钢筋、混凝土（Q2）	钢筋加工（Q2－1）	
		钢筋网（Q2－2）	
		钢筋成型和安装（Q2－3）	
		混凝土原材料及配合比（Q2－4）	
		钢丝、钢绞线先张法（Q2－5）	
		钢筋先张法（Q2－6）	
		钢筋后张法（Q2－7）	
		砌体工程（Q2－8）	
	地基与基础（Q3）	基坑开挖（Q3－1）	每个基坑
		基坑回填（Q3－2）	每个基坑
		现浇混凝土基础（Q3－3）	每个基坑
		砌体基础（Q3－4）	每个基坑
		预制桩（Q3－5）	每根桩
		钢管桩（Q3－6）	每根桩
		沉桩（Q3－7）	每根桩
		接桩焊缝外观（Q3－8）	每根桩
		混凝土灌注桩（Q3－9）	每根桩
		沉井制作（Q3－10）	每节、座
		就地制作沉井下沉（Q3－11）	每节、座
		浮式沉井下沉（Q3－12）	每节、座
		地下连续墙（Q3－13）	每个施工段
		混凝土承台（Q3－14）	每个承台
	墩台、支座（Q4）	浆砌块石砌筑墩台（Q4－1）	每个砌筑段、浇筑段、施工段或每个墩台、安装段（件）
		浆砌料石、砌块砌筑墩台（Q4－2）	
		现浇混凝土墩台（Q4－3）	
		现浇混凝土柱（Q4－4）	
		现浇混凝土挡墙（Q4－5）	
		预制安装混凝土柱（Q4－6）	
		现浇混凝土盖梁（Q4－7）	每个盖梁
		人行天桥钢墩柱制作（Q4－8）	每个砌筑段、浇筑段、施工段或每个墩台、安装段（件）
		人行天桥钢墩柱安装（Q4－9）	
		台背填土（Q4－10）	
		支座安装（Q4－11）	每个支座

续表 3-2

子单位	分部	分项	检验批
桥梁工程（Q）	桥跨承重结构（Q5~Q8）	整体浇筑钢筋混凝土梁、板（Q5－1）	每孔、联、施工段
		预制梁、板（Q5－2）	每片梁
		梁、板安装（Q5－3）	每片梁
		悬臂浇筑预应力混凝土梁（Q5－4）	每个浇筑段
		悬臂拼装预应力混凝土梁（预制梁段）（Q5－5）	每个拼装段
		悬臂拼装预应力混凝土梁（Q5－6）	每个拼装段
		顶推施工梁（Q5－7）	每节段
		钢板梁（Q5－8）	每个制作段、孔、联
		钢桁梁节段制作（Q5－9）	每个制作段、孔、联
		钢箱形梁制作（Q5－10）	每个制作段、孔、联
		钢梁安装（Q5－11）	每个制作段、孔、联
		结合梁现浇混凝土结构（Q5－12）	每段、孔
		砌筑拱圈（Q6－1）	每个砌筑段、安装段、浇筑段、施工段
		现浇混凝土拱圈（Q6－2）	
		劲性骨架制作（Q6－3）	
		劲性骨架安装（Q6－4）	
		劲性骨架混凝土拱圈（Q6－5）	
		装配式混凝土拱部结构（预制拱圈）（Q6－6）	
		装配式混凝土拱部结构（拱圈安装）（Q6－7）	
		悬臂拼装的桁架拱（Q6－8）	
		腹拱安装（Q6－9）	
		钢管混凝土拱（拱肋制作与安装）（Q6－10）	
		钢管混凝土拱肋（Q6－11）	
		吊杆的制作与安装（Q6－12）	
		柔性系杆张拉应力和伸长率（Q6－13）	
		转体施工拱（Q6－14）	
		现浇混凝土索塔（Q7－1）	每个浇筑段、制作段、安装段、施工段
		混凝土斜拉桥墩顶梁段（Q7－2）	
		支架上浇筑混凝土主梁（Q7－3）	
		悬臂浇筑混凝土主梁（Q7－4）	
		悬臂拼装混凝土主梁（Q7－5）	
		钢箱梁段制作（Q7－6）	
		钢箱梁悬臂拼装（Q7－7）	

续表 3-2

子单位	分部	分项	检验批
桥梁工程（Q）	桥跨承重结构（Q5～Q8）	钢箱梁在支架上安装（Q7-8）	每个浇筑段、制作段、安装段、施工段
		结合梁的工字钢梁段（Q7-9）	
		工字梁悬臂拼装（Q7-10）	
		结合梁的混凝土板（Q7-11）	
		斜拉索安装（Q7-12）	
		预应力锚固系统制作（Q8-1）	每个制作段、安装段、施工段
		刚架锚固系统制作（Q8-2）	
		预应力锚固系统安装（Q8-3）	
		刚架锚固系统安装（Q8-4）	
		锚碇混凝土施工（Q8-5）	
		预应力锚索张拉（Q8-6）	
		主索鞍（Q8-7）	
		散索鞍（Q8-8）	
		主索鞍安装（Q8-9）	
		散索鞍安装（Q8-10）	
		主缆架设（索股和锚头）（Q8-11）	
		主缆架设（Q8-12）	
		主缆防护（Q8-13）	
		索夹和吊索安装（索夹）（Q8-14）	
		索夹和吊索安装（吊索和锚头）（Q8-15）	
		索夹和吊索安装（Q8-16）	
		钢加劲梁段拼装（悬索桥钢箱梁段制作）（Q8-17）	
		钢加劲梁段拼装（Q8-18）	
	顶进箱涵（Q9）	滑板（Q9-1）	每坑、制作节、顶进节
		预制箱涵（Q9-2）	
		箱涵顶进（Q9-3）	
	桥面系（Q10）	排水设施（Q10-1）	每个施工段、每孔
		桥面防水层（混凝土桥面）（Q10-2）	
		桥面防水黏结层（钢桥桥面）（Q10-3）	
		桥面铺装层（水泥混凝土桥面）（Q10-4）	
		桥面铺装层（沥青混凝土桥面）（Q10-5）	
		桥面铺装层（人行天桥塑胶桥面）（Q10-6）	
		伸缩装置（Q10-7）	
		地袱、缘石、挂板（Q10-8）	
		防护设施（混凝土栏杆预制与安装）（Q10-9）	
		防护设施（混凝土栏杆预制与安装）（Q10-10）	
		防护设施（防撞护栏、防撞墩、隔离墩）（Q10-11）	
		人行道（Q10-12）	

续表 3-2

子单位	分部	分项	检验批
桥梁工程（Q）	附属结构（Q11）	隔声与防眩装置（声屏障安装）（Q11－1）	每个砌筑段、浇筑段、安装段，每座构筑物
		隔声与防眩装置（防眩板安装）（Q11－2）	
		梯道（混凝土）（Q11－3）	
		梯道（钢梯道梁制作）（Q11－4）	
		梯道（钢梯道安装）（Q11－5）	
		桥头搭板（Q11－6）	
		防冲刷结构（锥坡、护坡、护岸）（Q11－7）	
		防冲刷结构（导流结构）（Q11－8）	
		照明系统（Q11－9）	
	装饰与装修（Q12）	水泥砂浆抹面（Q12－1）	每跨、侧饰面
		装饰抹面（Q12－2）	
		镶贴面板和贴饰面板（天然石）（Q12－3）	
		镶贴面板和贴饰面板（人造石、饰面砖）（Q12－4）	
		涂饰（Q12－5）	
管道工程（G）	土方工程（G1）	沟槽开挖与地基处理（G1－1）	与下列验收批对应
		沟槽支护（G1－2）	
		沟槽回填（刚性管道、路基外）（G1－3）	
		沟槽回填（刚性管道、路基内）（G1－4）	
		沟槽回填（柔性管道）（G1－5）	
	预制管开槽施工主体结构（G2）	管道基础（G2－1）	可按下列方式划分：按流水施工长度，排水管道按井段，给水管道按一定长度的连续施工段或自然划分段（路段），其他便于过程质量控制的方法
		钢管接口（G2－2）	
		钢管内防腐层（水泥砂浆防腐层）（G2－3）	
		钢管内防腐层（液体环氧涂料防腐层）（G2－4）	
		钢管外防腐层（G2－5）	
		钢管阴极保护（G2－6）	
		球墨铸铁管接口连接（G2－7）	
		钢筋混凝土管接口连接（G2－8）	
		化学建材管接口连接（G2－9）	
		管道铺设（G2－10）	
	不开槽施工主体结构（G3）	工作井（G3－1）	每座井
		直线顶管（G3－2）	顶管顶进：每100 m
		曲线顶管（G3－3）	
		垂直顶升顶管（G3－4）	每个顶升管

续表 3-2

子单位	分部	分项	检验批
管道工程（G）	不开槽施工主体结构（G3）	盾构管片制作（钢模制作）（G3－5）	每 100 环
		盾构管片制作（单块管片尺寸）（G3－6）	
		盾构管片制作（管片水平组合拼装）（G3－7）	
		盾构管片制作（钢筋混凝土管片的钢筋骨架制作）（G3－8）	
		盾构管片制作（G3－9）	
		盾构掘进和管片拼装（盾尾内管片拼装成环）（G3－10）	
		盾构掘进和管片拼装（G3－11）	
		盾构施工（钢筋混凝土二次衬砌）（G3－12）	每个施工作业断面
		浅埋暗挖管道土层开挖（G3－13）	
		浅埋暗挖管道初期衬砌（钢格栅、钢架的加工与安装）（G3－14）	
		浅埋暗挖管道初期衬砌（钢筋网加工、铺设）（G3－15）	
		浅埋暗挖管道初期衬砌（喷射混凝土）（G3－16）	
		浅埋暗挖管道防水层（G3－17）	
		浅埋暗挖管道二次衬砌（G3－18）	
		定向钻施工（G3－19）	每 100 m
		夯管施工（G3－20）	
	沉管桥管（G4）	沉管基槽浚挖及管基处理（G4－1）	每节预制钢筋混凝土管
		组对拼装管道（段）（G4－2）	每 100 m（分段拼装按每段，且不大于 100 m）
		预制钢筋混凝土管节制作（G4－3）	每节预制钢筋混凝土管
		预制钢筋混凝土管节接口预制加工（G4－4）	
		预制钢筋混凝土管的沉放（G4－5）	
		沉管的稳管（G4－6）	
		桥管管道（钢管预拼装尺寸）（G4－7）	每跨或每 100 m；分段拼装按每跨或每段，且不大于 100 m
		桥管管道（G4－8）	
	附属构筑物（G5）	井室（G5－1）	同一结构类型的附属构筑物不大于 10 个
		雨水口及支、连管（G5－2）	
		管道支墩（G5－3）	

第四章　工程准备阶段文件(A类)
内容与要求

第一节　基本规定

工程准备阶段文件主要由建设单位形成,主要有决策立项文件,建设用地、征地、拆迁文件,勘察、测绘、设计文件,招投标及合同文件,开工审批文件,财务文件,及建设、施工、监理机构及负责人等组成文件。

工程准备阶段的文件资料多数是文件、文本,其形成涉及部门较多,给资料的收集造成了一定的困难,因此作以下规定:

(1)市政基础设施新建、改建、扩建的建设项目,建设单位都必须按照基本建设程序开展工作,配备专职或兼职城建档案管理员,城建档案管理员要负责及时收集基本建设程序各个环节所形成的文件原件,并按类别、形成时间进行登记、整理、立卷、保管,待工程竣工后按规定进行移交。

(2)工程准备阶段文件涉及向政府主管部门申报、审批的有关文件,均应按有关政府主管部门的规定及本书的要求进行。

第二节　决策立项文件(A1类)

决策立项文件是说明建设项目的合法性、合理性的有效证明,该项文件要及时收集整理,要求文件齐全,包括正文及附件、报告的原文及批复、论证的过程、议题、参加人员及结论等。主要项目如下:

(1)A1-1项目建议书:项目建议书是立项的主要依据,由建设单位编制并申报。

(2)A1-2项目建议书的批复文件:由建设行政管理部门批复。

(3)A1-3可行性研究报告及附件:大中型项目由建设单位委托有资质的工程咨询机构单位编制。

(4)A1-4可行性研究报告的批复文件:大中型项目由国家发展和改革委员会或其委托的机构审批或审查;小型项目可分别由行业或国家有关部门审批或审查;自筹资金建设的大中型项目,由市发展和改革委员会审批,报省发展和改革委员会及国家发展和改革委员会备案;地方投资的文教、卫生事业及城市基础设施建设项目由市发展和改革委员会或城建委规划部门审批。

(5)A1-5关于立项的会议纪要、领导批示:建设单位或其上级主管单位组织的会议记录。

(6)A1-6工程立项的专家建议资料:由建设单位组织形成和收集。

(7) A1 – 7 项目评估研究资料:由建设单位组织形成和收集。

(8) A1 – 8 环境预测、调查报告:由建设单位组织形成和收集。

(9) A1 – 9 建设项目环境影响报告表:由建设单位组织形成和收集。

第三节　建设用地、征地、拆迁文件(A2 类)

建设用地、征地、拆迁文件是工程的一项重要资料,它是取得建设用地过程的手续见证,说明了工程项目用地的合理性和合法性。主要文件项目如下:

(1) A2 – 1 选址申请及选址规划意见通知书:由建设单位规划部门起草申请及办理。

(2) A2 – 2 建设用地批准文件:使用国有土地由土地行政管理部门批准。

(3) A2 – 3 拆迁安置意见、协议、方案等:由市政府有关部门形成。

(4) A2 – 4 建设用地规划许可证及其附件:由规划行政管理部门批准,并办理用地规划许可证。

(5) A2 – 5 国有土地使用证:由土地行政管理部门办理。

(6) A2 – 6 划拨建设用地文件:由土地行政管理部门办理。

第四节　勘察、测绘、设计文件(A3 类)

勘察、测绘设计文件是进行工程建设的基础资料,工程勘察为设计提供现场的地质、水文条件,为施工提供了地质条件、环境条件以及施工中应注意的地质情况,为制定合理的技术方案提供了必不可少的依据。设计单位将立项的意图变成图纸,是工程建设的重要过程,对工程项目的技术、工艺、质量、功能、经济效益都有决定性的影响,为工程建设提供了施工的依据。

(1) A3 – 1 工程地质勘察报告:由建设单位起草委托书,勘察单位勘察形成工程地质勘察报告交建设单位。

(2) A3 – 2 水文地质勘察报告、自然条件、地震调查:由建设单位起草委托书,勘察单位勘察形成水文地质勘察报告交建设单位。

(3) A3 – 3 建设用地钉桩通知单(书):由测量单位实施,规划行政管理部门审查批准。

(4) A3 – 4 地形测量和拨地测量成果报告:由建设单位委托测绘单位测绘形成。

(5) A3 – 5 审定设计方案通知书及审查意见:由建设单位形成审定设计方案通知及设计方案等文件,由规划行政管理部门组织、审查和批准。

(6) A3 – 6 审定设计方案通知书要求征求有关部门的审查意见和要求取得的有关协议。

此文件分别征求人防、环保、消防、技术监督、卫生防疫、交通、铁路、园林、供水、排水、供热、供电、供燃气、文物、地震、节水、节能、通信、保密、河湖、教育等有关部门意见,并取得有关协议后,由规划行政管理部门负责审查重点地区、重大项目的设计方案并形成文件。

(7) A3 – 7 初步设计图及设计说明:工程项目设计方案的具体化,由建设单位委托设计单位形成。

（8）A3－8 技术设计图及设计说明:由建设单位委托设计单位形成。

（9）A3－9 施工图设计文件审查通知书及审查报告:由建设单位委托有资质的施工图审查机构咨询单位提出审查意见并形成文件。

（10）A3－10 施工图及设计说明:由建设单位委托设计单位形成。

第五节　招投标及合同文件(A4 类)

工程的勘察、设计、施工、监理等均应通过招标取得资格,通过建设单位的招标公告,报名获得招标文件,编制投标文件、开标、中标、签订合同等一系列程序获取任务。管理的主要内容是审查每份资料的程序及内容是否符合要求,收集资料要及时、完整。

（1）A4－1 勘察招投标文件:由建设单位或其委托单位形成招标文件,由勘察单位形成投标文件。

（2）A4－2 勘察合同:由建设单位与勘察单位签订形成。

（3）A4－3 设计招投标文件:由建设单位或其委托单位形成招标文件,由设计单位形成投标文件。

（4）A4－4 设计合同:由建设单位与设计单位签订形成。

（5）A4－5 监理招投标文件:由建设单位或其委托单位形成招标文件,由监理单位形成投标文件。

（6）A4－6 监理合同:由建设单位与监理单位签订形成。

（7）A4－7 施工招投标文件:由建设单位或其委托单位形成招标文件,由施工单位形成投标文件。

（8）A4－8 施工合同:由建设单位与施工单位签订形成。

第六节　开工审批文件(A5 类)

开工审批文件包括建设、设计、施工、监理等各方面的资料,是保证工程开工后能正常进行,保证施工质量所必须的条件,是取得合法开工的有效证明。建设单位管理的主要职责是督促相关单位的工作人员按照投标时的人员到位,有关制度的监理、有关批准、认可制度得到有关部门的批准,具备开工应有的条件。开工文件的重点是人员到位并达到要求,达到现场开工的准备条件。具有施工(开工)许可证等资料,审查其程序、内容是否达到要求,手续是否齐全。主要内容如下:

（1）A5－1 建设项目列入年度计划的申报文件:由建设单位形成。

（2）A5－2 建设项目列入年度计划的批复文件或年度计划项目表:由建设行政管理部门审批形成。

（3）A5－3 规划审批申报表及报送的文件和图纸:由建设单位和设计单位形成。

（4）A5－4 建设工程规划许可证及其附件:由规划部门办理。

（5）A5－5 建设工程施工许可证及其附件:由建设行政管理部门办理。

（6）A5－6 建设工程开工审查表：由建设单位办理。

（7）A5－7 投资许可证、审计证明、缴纳绿化建设费等证明：由建设单位形成。

（8）A5－8 工程质量监督手续：由建设单位到工程质量监督机构办理质量监督登记手续。

第七节　财务文件（A6 类）

（1）A6－1 工程投资估算文件：由建设单位委托工程造价咨询单位形成。

（2）A6－2 工程设计概算文件：由建设单位委托工程造价咨询单位形成。

（3）A6－3 工程施工图预算文件：由设计单位形成。

（4）A6－4 施工预算文件：由施工单位形成。

第八节　建设、施工、监理机构及负责人（A7 类）

（1）A7－1 工程项目管理机构（项目经理部）及负责人名单：由建设单位形成。

（2）A7－2 工程项目监理机构（项目监理部）及负责人名单：由监理单位形成。

（3）A7－3 工程项目施工管理机构（施工项目经理部）及负责人名单：由施工单位形成。

第五章 工程监理文件(B类)内容与要求

工程监理文件是指监理工作过程中形成的文件资料,包括监理管理文件(B1类)、进度控制文件(B2类)、质量控制文件(B3类)、造价控制文件(B4类)、合同管理文件(B5类)、竣工验收文件(B6类)等。其内容与要求应严格按《建设工程监理规范》(GB 50319—2000)的规定和要求填写。主要内容如下。

第一节 监理管理文件(B1类)

监理管理文件主要项目如下。

(1)B1-1 项目监理机构组建报告:在监理委托合同签订生效后的十日内,监理单位要以正式文件的形式向建设单位提供项目监理机构组成情况,委派监理人员、总监理工程师等,经过建设单位审查认可后,正式进入施工现场。由监理单位形成,送建设单位认可。

(2)B1-2 总监理工程师授权书:是由监理单位授予的有注册监理工程师和总监理工程师资格的人员的一个正式文件。由监理单位全面委托其在该工程上管理一切与监理业务有关的事项,履行监理合同的实施,确保工程的顺利完成。由监理单位形成,送建设单位认可。

(3)B1-3 专业监理工程师授权书:是由监理单位授予的有注册监理工程师资格的人员的一个正式文件。由监理单位全面委托其在该工程上管理与其专业监理业务有关的事项,履行监理合同的实施,确保工程的顺利完成。由监理单位形成,送建设单位认可。

(4)B1-4 监理规划:由总监理工程师主持制定,经监理单位技术负责人批准,是用来指导项目监理机构全面开展工作的指导性文件。主要内容包括:项目概况、工作范围、工作内容、工作目标、工作依据、项目监理机构的组成形式、人员配备计划、人员岗位职责、工作程序、工作方法及措施、旁站监理方案、监理工作制度、监理设施等。工程开工前由监理单位形成。

(5)B1-5 监理实施细则:由专业监理工程师针对具体情况编写的更具有实施性和可操作性的业务文件,并经总监理工程师批准。主要内容包括:专业工程的特点、监理工作流程、监理工作的控制要点及目标值、监理工作的方法及措施。工程开工前由监理单位形成。

(6)B1-6 监理月报:由总监理工程师组织编制,签认后报建设单位和本监理单位,必要时可抄送施工单位、工程质量监督机构。主要内容有:本月工程概况、本月工程形象进度、工程质量、工程计量与工程款支付、合同其他事项的处理情况、本月监理工作小结、下月监理工作计划。每月定期由监理单位形成,向建设单位提供。

(7)B1-7 监理会议纪要:由监理单位主持或由建设单位主持而委托监理进行记录的有关工程会议。包括工程开工前,建设单位主持召开的第一次工地会议纪要;施工中总监理工程师定期主持召开的工地例会及其他会议等。

（8）B1－8 监理工作日志：工程进度、质量监理规划实施情况的记录。每月定期由监理单位形成，向建设单位提供。

（9）B1－9 监理工作总结：由总监理工程师主持编写并批准。主要内容为工程概况，监理组织机构、监理人员和投入的监理设施，监理合同履行情况，监理工作成效，施工过程中出现的问题及处理情况和建议，工程照片。

（10）B1－10 工作联系单：主要内容为传达文件、通知等。由监理单位形成，送有关单位。

（11）B1－11 监理工程师通知：是监理过程中的主要事项及情况记录。由监理单位形成。

（12）B1－12 监理工程师通知回复单：是施工单位针对监理工程师通知的有关事项，在整改完毕之后，向监理进行回复的文件。由施工单位形成。

（13）B1－13 工程分包单位报审表：是对供货单位、试验单位等一些分包单位的资质审查报表，由施工单位形成。

第二节　进度控制文件（B2 类）

进度控制文件主要项目如下。

（1）B2－1 工程开工/复工报告及报审表：当工程具备开工条件或施工单位接到工程暂停令后对相关不符合规范和施工要求的部位按照监理要求整改完毕后，可填写该表及报审表。总监理工程师应在 48 小时内答复施工单位以书面形式提出的复工要求，未能在规定时间内提出处理意见或收到复工要求后 48 小时内未给答复的，施工单位可自行复工。

（2）B2－2 工程暂停令：监理单位发现问题比较严重的，不采取紧急措施，可能会对工程的施工或质量造成更大的危害时，要发出工程暂停令，由监理单位形成。

第三节　质量控制文件（B3 类）

质量控制文件是监理单位在工程项目上的主要文件，是控制工程质量各方面的记录文件。主要包括施工报验资料的管理、监理抽查资料的管理。施工报验文件的管理参见施工文件（C 类）的管理，这里主要介绍监理抽查资料的管理。

（1）B3－1 质量事故报告及处理资料：主要内容包括事故的概况、处理过程、要求及处理后的验收情况。由监理单位形成事故处理文件。

（2）B3－2 不合格项目通知、反馈及处理意见：当监理抽查工作中，发现达不到质量要求的项目需要整改时，或提醒施工单位注意时发放此通知，由专业监理工程师或总监理工程师签发。

（3）B3－3 旁站监理记录：重点部位、工序按监理规划要求进行的工作。由监理单位形成。

（4）B3－4 见证取样和送检见证人员备案表：见证取样是重点部位、工序按监理规划要求进行的工作,作为现场质量验收的依据。由监理单位或建设单位形成。

第四节　造价控制文件(B4类)

工程项目造价风险分析和防范是对造价进行预先控制的重要工作。工程监理重点在于做好事前和过程控制,达到工程质量、进度及造价控制三者的有机统一,提高工程投资效益。主要文件如下:

(1)B4-1 工程款支付申请表:由施工单位提出申请,监理单位核实并提出审核意见。

(2)B4-2 工程款支付证书:本表为项目监理机构收到施工单位报送的"工程款支付申请表"后用于批复的用表。

(3)B4-3 工程变更费用报审表:由施工单位提出申请,监理单位核实并提出审核意见。

(4)B4-4 费用索赔申请表:由施工单位提出审请,监理单位核实并批复。

(5)B4-5 费用索赔审批表:由施工单位提出申请,监理单位核实并提出审核意见。

(6)B4-6 工程竣工决算审核意见书:施工单位决算完成后,由监理单位审核并提出意见。

第五节　合同管理文件(B5类)

合同管理文件主要项目如下:

(1)B5-1 委托监理合同:由监理单位和建设单位共同形成。

(2)B5-2 工程延期报告及报审表:由施工单位报送监理单位形成。

(3)B5-3 合同争议、违约报告及处理意见:由监理单位形成。

第六节　竣工验收文件(B6类)

竣工验收文件主要项目如下:

(1)B6-1 单位(子单位)工程竣工预验收报验表:由监理单位形成。

(2)B6-2 单位(子单位)工程质量竣工预验收记录:单位工程验收过程完成的工作。由监理单位形成。

(3)B6-3 单位(子单位)工程质量控制资料核查记录:由监理单位形成。

(4)B6-4 单位(子单位)工程安全和功能检验资料核查及主要功能抽查记录:由监理单位形成。

(5)B6-5 单位(子单位)工程观感质量检查记录:由监理单位形成。

(6)B6-6 工程质量评估报告:单位工程总体质量评价、主要问题、结论。由监理单位形成。

(7)B6-7 监理资料移交书:资料移交清单等,由建设单位、监理单位签字的移交书。

第六章　施工文件(C类)内容与要求

第一节　施工管理文件(C1类)

施工管理文件主要项目如下。

1. 工程概况表(表式C1-1)

各工程在施工前应填写《工程概况表》。本表是对工程本身、参建单位等工程基本情况的简要描述。本表由施工单位填写。

2. 施工现场质量管理检查记录(表式C1-2)

《施工现场质量管理检查记录》是监理(建设)单位检查施工单位是否按照《建筑工程资料管理规程》(JGJ/T 185—2009)的有关规定,具有相应的施工技术标准、健全的管理体系、施工质量检验制度及综合施工质量水平的评定考核用的表格。一般一个单位(子单位)工程(或一个标段)检查一次,由施工单位填写,由总监理工程师(建设单位项目负责人)进行检查。"检查结论"填写为"现场质量管理制度完整(或基本完整)"。

3. 分包单位资质报审表(表式C1-3)

分包单位资质报审表应符合现行国家标准《建设工程监理规范》(GB 50319—2000)的有关规定。由总承包单位填写。

4. 建设工程质量事故调查、勘查记录,建设工程质量事故报告书(表式C1-4、C1-9)

由调查单位填写。凡工程发生重大质量事故,施工单位应在规定时限内向监理、建设及上级主管部门报告,监理、建设单位应及时组织质量事故的调(勘)察,事故调查组应由三人以上组成,调查情况须进行笔录,并填写《建设工程质量事故调(勘)察记录》和依实编制《建设工程质量事故报告书》。

5. 施工日志(表式C1-5)

施工日志以工程施工过程为记载对象,记载内容一般为:生产情况记录,包括施工生产的调度、存在问题及处理情况;安全生产和文明施工活动及存在问题等;技术质量工作记录、技术质量活动、存在问题、处理情况等。从工程开始施工起至工程竣工验收合格止,由项目负责人或指派专人逐日记载,记载内容须保持连续和完整。

6. 监理工程师通知回复单(表式C1-6)

施工单位根据监理工程师通知单的要求内容整改完毕后,及时填写监理工程师通知回复单。

第二节　施工技术文件(C2类)

施工技术文件主要项目如下。

1. 工程技术文件报审表(表式 C2-1)

施工单位编制的施工组织设计、技术标准等向监理单位报验。

2. 施工组织设计及施工方案(表式 C2-2)

施工组织设计(项目管理规划)为统筹计划施工、科学组织管理、采用先进技术保证工程质量,安全文明生产、环保、节能、降耗,实现设计意图,是指导施工生产的技术性文件。单位工程施工组织设计应在施工前编制,并应依据施工组织设计编制部位、阶段和专项施工方案。

施工组织设计编制的内容主要包括:工程概况、工程规模、工程特点、工期要求、参建单位等,施工平面布置图,施工部署及计划,施工总体部署及区段划分,进度计划安排及施工计划网络图,各种工、机、料、运计划表,质量目标设计及质量保证体系,施工方法及主要技术措施(包括冬、雨季施工措施及采用的新技术、新工艺、新材料、新设备等),大型桥梁、厂(场)站等土建及设备安装复杂的工程应有针对单项工程需要的专项工艺技术设计,如模板及支架设计,地下基坑、沟槽支护设计,降水设计,施工便桥、便线设计,管涵顶进、暗挖、盾构法等工艺技术设计,现浇混凝土结构及(预制构件)预应力张拉设计,大型预制钢及混凝土构件吊装设计,混凝土施工浇筑方案设计,机电设备安装方案设计,各类工艺管道、给排水工艺处理系统的调试运行方案,轨道交通系统以及自动控制、信号、监控、通信、通风系统安装调试方案等。

施工组织设计还应编写安全文明施工,环保、节能、降耗措施。

施工方案是施工组织设计的核心内容,是工程施工技术指导文件。大型道路、桥梁结构、厂(场)站、大型设备工程的施工方案更直接关系着工程结构的质量及耐久性,方案必须按相关规程由相应的主管技术负责人负责组织编制,重大工程施工方案的编制应经过专家论证或方案研讨。

3. 施工组织设计审批表、报审表(表式 C2-3、C2-4)

施工组织设计填写《施工组织设计审批表》,并经施工单位有关部门会签、主管部门归纳汇总后,提出审核意见,报审批人进行审批,施工单位盖章方为有效,审批内容一般应包括:内容完整性、施工指导性、技术先进性、经济合理性、实施可行性等方面,各相关部门根据职责把关;审批人应签署审查结论并盖章。在施工过程中如有较大的施工措施或方案变动时,还应有变动审批手续。

《施工组织设计报审表》是由施工单位填写,经过施工单位技术负责人审批后由专业监理工程师审核和总监理工程师审批签字后实施。

4. 危险性较大分部分项工程施工方案专家论证表(表式 C2-5)

危险性较大分部分项工程施工方案的编制应经过专家论证或方案研讨。由施工单位组织并整理,专家签字形成。

5. 施工图设计文件会审记录(表式 C2-6)

工程开工前必须组织图纸会审,由承包工程的技术负责人组织施工、技术等有关人员对施工图进行全面学习、审查并作《施工图设计文件会审记录》,将图纸审查中的问题整理、汇总,报监理(建设)单位,由监理(建设)单位提交给设计单位,以便在设计交底时予以答复。

6. 设计交底记录(表式 C2 - 7)

由设计单位组织并整理、汇总设计交底要点及研讨问题的纪要,填写《设计交底记录》。

7. 技术交底记录(表式 C2 - 8)

技术交底记录包括施工组织设计交底,新技术、新工艺、新材料、新设备及主要工序施工技术交底。各项交底应有文字记录、交底双方应履行签认手续。由施工单位填写。

8. 安全交底记录(表式 C2 - 9)

分部(分项)工程在施工前,项目部应按批准的施工组织设计或专项安全技术措施方案,向有关人员进行安全技术交底。

9. 工程洽商记录(表式 C2 - 10)

(1)工程中如有洽商,应及时办理《工程洽商记录》,内容必须明确具体,注明原图号,必要时应附图。

(2)分承包工程的设计变更洽商记录,应通过工程总承包单位办理。

(3)洽商记录按专业、签订日期先后顺序编号,工程完工后由总承包单位按照所办理的变更及洽商进行汇总。

10. 设计变更通知单(表式 C2 - 11)

设计单位对设计如有变更,由设计单位签发设计变更通知单。应有设计单位、施工单位和监理(建设)单位等有关各方代表签认;设计单位如委托监理(建设)单位办理签认,应办理委托手续。变更原件应存档,相同工程如需要同一个变更时,可用复印件或抄件存档并注明原件存放处。

第三节　施工进度文件(C3 类)

施工进度文件主要项目如下。

1. 工程开工报审表、工程开工报告(表式 C3 - 1、C3 - 2)

工程开工报审表应符合现行国家标准《建设工程监理规范》(GB 50319—2000)的有关规定。开工报告应根据现场三通一平是否已经完成;人、材、机是否已经准备好;项目部是否已经组建完成等施工前的各项准备工作完成情况,向监理工程师报《工程开工报告》。

2. 工程复工报审表(表式 C3 - 3)

工程复工报审表应符合现行国家标准《建设工程监理规范》(GB 50319—2000)的有关规定。由监理单位填写。

3. 施工进度计划报审表(表式 C3 - 4)

施工进度计划报审表应符合现行国家标准《建设工程监理规范》(GB 50319—2000)的有关规定。由施工单位填写。

4. 施工进度计划(表式 C3 - 5)

施工进度计划应根据现场情况编制,适时调整后,向监理单位报审。

5.人、机、料动态表(表式 C3 - 6)

人、机、料动态表应符合现行国家标准《建设工程监理规范》(GB 50319—2000)的有关规定。

6.工程延期申请表(表式 C3 - 7)

工程延期申请表应符合现行国家标准《建设工程监理规范》(GB 50319—2000)的有关规定。

7.工程款支付申请表(表式 C3 - 8)

工程款支付申请表应符合现行国家标准《建设工程监理规范》(GB 50319—2000)的有关规定。

8.工程变更费用报审表(表式 C3 - 9)

工程变更费用报审表应符合现行国家标准《建设工程监理规范》(GB 50319—2000)的有关规定。

9.费用索赔申请表(表式 C3 - 10)

费用索赔申请表应符合现行国家标准《建设工程监理规范》(GB 50319—2000)的有关规定。

第四节　施工物资文件(C4 类)

施工物资文件是反映施工所用的物资质量是否满足设计和规范要求的各种质量证明文件和相关配套文件(如使用说明书、安装维修文件等)的统称。施工物资文件包括以下内容:

工程物资(包括主要原材料、成品、半成品、构配件、设备等)质量必须合格,并有出厂质量证明文件(包括质量合格证明文件或检验/试验报告、产品生产许可证、产品合格证、产品监督检验报告等),进口物资还应有进口商检证明文件。

质量证明文件的抄件(复印件)应保留原件所有内容,并注明原件存放单位,应有抄件人、抄件(复印)单位的签字和盖章。

不合格物资不准使用。涉及结构安全的材料需代换时,应征得原设计单位的书面同意,并符合有关规定,经监理单位批准后方可使用。

凡使用无国家、行业、地方标准的新材料、新产品、新工艺、新技术,应由具有鉴定资格单位出具的鉴定证书,同时应有其产品质量标准、使用说明、施工技术要求和工艺要求,使用前应按其质量标准进行检验和试验。

有见证取样检验要求的应按规定送检,做好见证记录。

对国家和地方所规定的特种设备和材料应附有关文件和法定检测单位的检测证明,如锅炉、压力容器、消防产品等。

工程物资资料应进行分级管理,半成品供应单位或半成品加工单位负责收集、整理、保存所供物资或原材料的质量证明文件,施工单位则需收集、整理、保存供应单位或加工单位提供的质量合格证明文件和进场后进行的检验、试验文件。各单位应对各自范围内的工程资料的汇总整理结果负责,并保证工程资料的可追溯性。

1. 钢筋文件的分级管理

如钢筋采用场外委托加工时,钢筋的原材报告、复试报告等原材料质量文件由加工单位保存;加工单位提供的半成品钢筋加工出厂合格证由施工单位保存,施工单位还应对半成品钢筋进行外观检查,对力学性能进行有见证试验。力学性能和工艺性能的抽样复试,应以同一出厂批、同规格、同品种、同加工形式为一验收批,对钢筋连接接头每小于等于300个接头取不少于一组。

2. 混凝土文件的分级管理

(1)预拌混凝土供应单位必须向施工单位提供质量合格的混凝土,并随车提供预拌混凝土发货单,于45天之内提供预拌混凝土出厂合格证;有抗冻、抗渗等特殊要求的预拌混凝土合格证提供时间,由供应单位和施工单位在合同中明确,一般不大于60天。

(2)预拌混凝土供应单位除向施工单位提供预拌混凝土上述资料外,还应完整保存以下资料,以供查询:混凝土配合比及试配记录,水泥出厂合格证及复试报告,砂子试验报告,碎(卵)石试验报告,轻集料试验报告,外加剂材料试验报告,掺和料试验报告,碱含量试验报告(用于结构混凝土),混凝土开盘鉴定,混凝土抗压强度、抗折强度报告(出厂检验,数值填入预拌混凝土出厂合格证),混凝土抗渗、抗冻性能试验(根据合同要求提供),混凝土试块强度统计、评定记录(搅拌单位取部分样),混凝土坍落度测试记录(搅拌单位测试记录)。

(3)施工单位应填写、整理以下混凝土资料:预拌混凝土出厂合格证(搅拌单位提供),混凝土抗压强度、抗折强度报告(现场取样检验),混凝土抗渗、抗冻性能试验记录(有要求时的现场取样检验),C20以上混凝土浇筑记录(其中部分内容根据预拌混凝土发货单内容整理),混凝土坍落度测试记录(现场检验),混凝土测温记录(有要求时的现场检测),混凝土试块强度统计、评定记录(施工单位现场取样部分),混凝土试块有见证取样记录。

(4)如果采用现场搅拌混凝土方式,施工单位应提供上述除预拌混凝土出厂合格证、发货单之外的所有资料。

(5)现场搅拌混凝土强度等级在C40(含C40)以上或特种混凝土需履行开盘鉴定手续。

3. 混凝土预制构件文件的分级管理

当施工单位使用混凝土预制构件时,钢筋、钢丝、预应力筋、混凝土等组成材料的原材报告、复试报告等质量证明文件及混凝土性能试验报告等由混凝土预制构件加工单位保存;加工单位提供的预制构件出厂合格证由施工单位保存。

4. 石灰粉煤灰砂砾混合料文件的分级管理

(1)石灰粉煤灰砂砾混合料生产厂家必须向施工单位提供质量合格的混合料,并随车提供混合料运输单,于15天之内提供石灰粉煤灰砂砾混合料出厂质量合格证。

(2)石灰粉煤灰砂砾混合料生产厂家除向施工单位提供上述资料外,还应完整保存以下资料,以供查询:混合料配合比及试配记录、标准击实数据及最佳含水量数据、石灰出厂质量证明及复试报告、粉煤灰出厂质量证明及复试报告、砂砾筛分试验报告、7天无侧限抗压强度试验报告。

(3)施工单位应收集、整理以下资料:石灰粉煤灰砂砾混合料出厂质量合格证(生产厂家提供)、石灰粉煤灰砂砾混合料7天无侧限抗压强度(含有见证取样)试验报告(现场检测)、石灰粉煤灰砂砾混合料中石灰剂量检测报告(现场检测)。

5.石灰粉煤灰钢渣混合料资料的分级管理

(1)石灰粉煤灰钢渣混合料生产厂家必须向施工单位提供质量合格的混合料,并随车提供混合料运输单,于15天之内提供石灰粉煤灰钢渣混合料出厂合格证。

(2)石灰粉煤灰钢渣混合料生产厂家除向施工单位提供上述资料外,还应完整保存以下资料,以供查询:混合料配合比及试配记录、标准击实数据及最佳含水量数据、石灰出厂质量证明及复试报告、粉煤灰出厂质量证明及复试报告、钢渣质量证明及复试报告、7天无侧限抗压强度试验报告。

(3)施工单位应收集、整理以下资料:石灰粉煤灰钢渣混合料出厂质量合格证(生产厂家提供),石灰粉煤灰钢渣混合料7天无侧限抗压强度(含有见证取样)试验报告(现场检测),石灰粉煤灰钢渣混合料中石灰剂量、粉煤灰含量、钢渣掺量检测报告(现场检测)。

6.水泥稳定砂砾混合料资料的分级管理

(1)水泥稳定砂砾混合料生产厂家必须向施工单位提供质量合格的混合料,并随车提供混合料运输单,于15天内提供水泥稳定砂砾出厂质量合格证。

(2)水泥稳定砂砾混合料生产厂家除向施工单位提供上述资料外,还应完整保存以下资料,以供查询:混合料配合比及试配记录、水泥出厂质量证明及复试报告、砂砾筛分试验报告、7天无侧限抗压强度试验报告。

(3)施工单位应收集、整理以下资料:水泥稳定砂砾混合料出厂质量合格证(生产厂家提供)、水泥稳定砂砾混合料7天无侧限抗压强度(含有见证取样)试验报告(现场检测)。

7.热拌沥青混合料资料的分级管理

(1)热拌沥青混合料生产厂家应向施工单位提供合格的沥青混合料,并随车提供混合料运输单、标准密度资料及沥青混合料出厂质量合格证。

(2)热拌沥青混合料生产厂家除向施工单位提供上述资料外,还应完整保存以下资料,以供查询:热拌沥青混合料配合比设计及检验试验报告,路用沥青、乳化沥青、液体石油沥青出厂合格证及复试报告,集料试验报告,添加剂试验报告。

(3)施工单位应收集、整理以下资料:热拌沥青混合料出厂合格证(生产厂家提供)、热拌沥青混合料标准密度资料(生产厂家提供)、沥青混合料压实度试验报告(有见证取样)。

8.工程物资分类

(1)Ⅰ类物资:指仅须有质量证明文件的工程物资,如大型混凝土预制构件、一般设备、仪表、管材等。

(2)Ⅱ类物资:指到场后除必须有出厂质量证明文件外,还必须通过复试检验(试验)才能认可其质量的物资,如水泥、钢筋、砌块、混凝土外加剂、石灰、小型混凝土预制构件、防水材料、关键防腐材料(产品)、保温材料、锅炉、进口压力容器等。

Ⅱ类物资进厂后应按规定进行复试,验收批量的划分及必试项目按有关规范进行,可根据工程的特殊需要另外增加试验项目。

水泥出厂超过三个月、快硬硅酸盐水泥出厂一个月后必须进行复试并提供复试检验（试验）报告，复试结果有效期限同出厂有效期限。

（3）Ⅲ类物资：指除须有出厂质量证明文件、复试检验（试验）报告外，施工完成后，需要通过规定龄期后再经检验（试验）方能认可其质量的物资，如混凝土、沥青混凝土、砌筑砂浆、石灰粉煤灰砂砾混合料等。

工程物资应按类别进行工程资料的编制和报验工作。

在工程物资试验中按规定允许进行重新取样加倍复试的物资，两次试验报告要同时保留。

专项物资按有关规定执行。

9. 工程物资选样送审表

如合同或其他文件约定，在工程物资订货或进场之前须履行工程物资选样审批手续时，施工单位应填写《工程物资选样送审表》（表式 C4 - 1），报请审定。

10. 产品合格证

工程完工后由施工单位汇总填写《主要原材料、构配件出厂证明文件及复试报告目录》（表式 C4 - 2）。

设备、原材料、半成品和成品的质量必须合格，供货单位应按产品的相关技术标准、检验要求提供出厂质量合格证明或试验单，凡属于承压容器或设备（如锅炉）等，必须在出厂质量证明文件中提供焊缝无损探伤检测报告。须采取技术措施的，应满足有关规范标准规定，并经有关技术负责人批准（有批准手续方可使用）。

合格证、试（检）验单的抄件（复印件）应注明原件存放处，并有抄件人、抄件（复印）单位的签字和盖章。

各供货单位应按表式 C4 - 3 - 1 ~ C4 - 3 - 12 提供《半成品钢筋出厂合格证》、《预拌混凝土出厂合格证》、《预制钢筋混凝土梁、板、墩、桩、柱出厂合格证》、《钢构件出厂合格证》、《水泥出厂合格证》、《钢筋出厂合格证》、《石灰粉煤灰砂砾出厂合格证》、《水泥粉煤灰稳定碎石出厂合格证》、《热拌沥青混合料出厂合格证》、《道路石油沥青出厂合格证》、《砖出厂合格证》、《路用小型预制构件出厂合格证》。其他产品合格证或质量证明书的形式，以供货方提供的为准。

施工单位在整理产品质量证明文件时，应将非 A4 幅面大小的产品质量证明文件粘贴在《产品合格证粘贴衬纸》（表式 C4 - 3 - 13）上。同产品、同规格、同型号、同厂家、同出厂批次的可以用一个合格证代表（合格证应正反粘贴），但应注明所代表的数量。

11. 材料、构配件进场检验记录

材料、构配件进场后，由施工单位进行检验，需进行抽检的材料、配件按规定比例进行抽检，并进行记录，填写《材料、构配件进场检验记录》（表式 C4 - 4 - 1）。

12. 设备/配（备）件开箱检验记录

设备进场后，由施工单位、监理单位、建设单位、供货单位共同开箱检查。进口设备需由商检部门参加并进行记录，填写《设备/配（备）件开箱检验记录》（表式 C4 - 4 - 2）。

13. 预制混凝土构件、管材进场抽检记录

预制混凝土道牙、平石、大小方砖、地袱、防撞墩等小型混凝土构件进场后，须有预制混凝土小型构件出厂质量合格证，按必试项目抽检批次和检验项目进行尺寸量测、外观检查，抽样进行混凝土抗压、抗折强度试验；管材依照质量验收标准抽检，填写《预制混凝土构件、管材进场抽检记录》（表式 C4 - 4 - 3）。

14. 见证记录文件

工程开工前应确定由具有专业资格的人员作为本工程的有见证取样和送检见证人，报质量监督机构和具备见证取样试验资质的试验室备案，填写《见证取样和送检见证人备案表》（表式 B3 - 4，本表由建设单位或监理单位填写）。

施工单位应按本工程的实际工程量依据规定的检验频率和抽样密度制订见证取样计划，作为现场见证取样的依据。

工程完工后由施工单位对所作的见证试验进行汇总，填写《有见证试验汇总表》（表式 C4 - 5 - 1）。

施工过程中所作的见证取样均应填写《见证记录》（表式 C4 - 5 - 2）。

15. 产品进场检验和试验

对进场后的产品，按有关检测规程的要求进行复试，填写产品复试记录/报告（表式 C4 - 5 - 3 ~ C4 - 5 - 25）。

《材料试验报告（通用）》（表式 C4 - 5 - 3），本书未规定的各类物资采用通用试验记录（如防腐材料、保温材料、桥梁伸缩装置、桥梁支座等），应委托有资质试验检测单位进行检测并出具试验报告。

第五节　施工测量检测记录（C5 类）

施工测量检测记录包括以下内容：

（1）导线点、水准点测量复核记录。

导线点、水准点测量复核记录指施工前对设计所交导线点、水准点桩的复测。应填写《导线点复测记录》（表式 C5 - 1）、《水准点复测记录》（表式 C5 - 2）、《测量复核记录》（表式 C5 - 4）。

（2）定位测量记录。

工程定位测量记录指施工前的定位测量及复测。应填写《定位测量记录》（表式 C5 - 3）。①构筑物（桥梁、道路、各种管道、水池等）位置线；②基础尺寸线，包括基础轴线、断面尺寸、标高（槽底标高、垫层标高等）；③主要结构的模板，包括几何尺寸、轴线、标高、预埋件位置等；④桥梁下部结构的轴线及高程，上部结构安装前的支座位置及高程等。

（3）水准测量成果表（C5 - 5）。

施工检验批高程检测应填写《水准测量成果表》（表式 C5 - 5）。

（4）沉降观测记录（C5 - 6）。

按规范和设计要求设置沉降观测点，定期进行观测并作记录、绘制观测点布置图，沉降观测单位应提供真实有效的沉降观测记录（C5 - 6）。

(5)竣工测量记录(C5 - 7)。

在管道、桥梁、道路工程施工完毕时,要进行测量并填写竣工测量记录(C5 - 7)。

第六节　施工记录(C6 类)

施工记录包括施工通用记录和施工专用记录。

一、施工通用记录(C6 - 1)

《施工通用记录》用于在施工专用记录中不适用表格的情况下,对工程施工过程的记录。

1. 隐蔽工程记录

《隐蔽工程检查记录》适用于各专业。隐蔽工程是指被下道工序施工所隐蔽的工程项目。隐蔽工程在隐蔽前必须进行隐蔽工程质量检查,由施工项目负责人组织施工人员、质检人员并请监理(建设)单位代表参加,必要时请设计人员参加,建(构)筑物的验槽,基础/主体结构的验收,应通知质量监督站参加。隐蔽工程的检查结果应具体明确,检查手续应及时办理,不得后补。须复验的应办理复验手续,填写复查日期并由复查人作出结论。

主要隐蔽内容如下:

(1)地基与基础土质情况、槽基位置坐标、几何尺寸、标高、边坡坡度、地基处理、钎探记录等。

(2)基础与主体结构各部位钢筋、钢筋品种、规格、数量、位置、间距、接头情况、保护层厚度及除锈、代用变更情况。

(3)桥梁等结构预应力筋、预留孔道的直径、位置、坡度、接头处理、孔道绑扎、锚具、夹具、连接器的组装等情况。

(4)现场结构构件、钢筋连接形式、接头位置、数量及连接质量等,焊接包括焊条牌号(型号)、坡口尺寸、焊缝尺寸等。

(5)桥梁工程桥面防水层下找平层的平整度、坡度、桥头搭板位置、尺寸。

(6)桥面伸缩装置规格、数量及埋置情况。

(7)管道、构件的基层处理,内外防腐、保温情况。

(8)管道混凝土管座、管带及附属构筑物的隐蔽部位。

(9)管沟、小室(闸井)防水情况。

(10)水工构筑物及沥青防水工程包括防水层下的各层细部做法、工作缝、防水变形缝等情况。

(11)厂(场)站工程构筑物的伸缩止水带材质、完好情况、安装位置、沉降缝及伸缩缝填充料填充厚度等情况。工作缝做法、穿墙套管做法等。

(12)各类钢筋混凝土构筑物预埋件位置、规格、数量、安装质量情况。

(13)垃圾卫生填埋场导排层、(渠)铺设材质、规格、厚度、平整度,导排渠轴线位置、花管内底高程、断面尺寸等。

(14)直埋于地下或结构中以及有保温、防腐要求的管道:管道及附件安装的位置、高程、坡度；各种管道间的水平、垂直净距；管道及其焊缝的安排及套管尺寸；组对、焊接质量（间隙、坡口、钝边、焊缝余高、焊缝宽度、外观成型等）；管支架的设置等。

（15）电气工程：没有专业表格的电气工程隐蔽工程内容，如电缆埋设路径、深度、工艺质量；暗装电气配线的型式、规格、安装工艺、质量。

2. 预检工程检查记录（表式 C6 - 1 - 2）

某一工序完成后，进行下道工序施工前，施工单位应随时对施工质量进行检查，并填写《预检工程检查记录》（表式 C6 - 1 - 2）。

3. 交接检查记录（表式 C6 - 1 - 3）

某一工序完成后，移交给另一单位进行下道工序施工前，移交单位和接受单位应进行交接检查，并约请监理（建设）单位参加见证。对工序实体、外观质量、遗留问题、成品保护、注意事项等情况进行记录，填写《交接检查记录》（表式 C6 - 1 - 3）。

二、基础/主体结构工程通用施工记录（C6 - 2）

基础/主体结构工程通用施工记录为道路、桥梁、管（隧）道、厂（场）站、轨道交通（含地铁）等各专业工程共同使用的施工记录。

1. 地基处理记录（表式 C6 - 2 - 1）

当地基处理采用沉入桩、钻孔桩时，填写《地基处理记录》（表式 C6 - 2 - 1）。包括地基处理部位、处理过程及处理结果简述，审核意见等。并应进行干土质量密度或贯入度试验。处理内容还应包括原地面排降水，清除树根、淤泥、杂物和地面下坟坑、水井及较大坑穴的处理记录。

当地基处理采用碎石桩、灰土桩等桩基处理时，由专业施工单位提供地基处理的施工记录。

2. 地基钎探记录（表式 C6 - 2 - 2）

应绘制钎探点布置图并进行钎探，填写《地基钎探记录》（表式 C6 - 2 - 2）。

当地基需处理时，应由勘察设计部门提出处理意见，将处理的部位、尺寸、高程等情况标注在钎探图上，并应有复验记录。

3. 沉井工程施工记录（表式 C6 - 2 - 3）

沉井工程施工需填写《沉井工程施工记录》（表式 C6 - 2 - 3），本表每班次或每观测一次填写一栏，封底记录只最后填写一张即可。

4. 打桩施工记录、桩基施工记录（通用）（表式 C6 - 2 - 4、C6 - 2 - 5）

（1）桩基包括预制桩、现制桩等，应按规定进行记录，附布桩、补桩平面示意图，并注明桩编号。桩基检测应按国家有关规定进行成桩质量检查（含混凝土强度和桩身完整性）和单桩竖向承载力的检测等。由分承包单位承担桩基施工的，完工后应将记录移交总包单位。

（2）打桩记录：有试桩要求的应有试桩或试验记录，打桩记录应记入桩的锤击数、贯入度、打桩过程中出现的异常情况等。

5. 桥梁桩基工程施工记录

（1）根据使用的钻机种类不同，分别填写《钻孔桩钻进记录（冲击钻）》（表式 C6 - 2 -

6)和《钻孔桩钻进记录(旋转钻)》(表式 C6-2-7)。

(2)钻孔桩成孔质量检查记录(表式 C6-2-8):检查意见栏填写结论性的内容,孔位前后左右偏差是指距中心十字线的偏差。

(3)钻孔桩水下混凝土灌注记录(表式 C6-2-9):记录每根桩浇筑混凝土的时间、步骤、次序及每次浇筑量、浇筑总量、导管深度、导管拆除及浇筑中出现的问题和处理情况等。

施工单位应绘制桩位平面示意图,图中对桩进行统一编号。

(4)沉入桩检查记录(表式 C6-2-10):记录每根桩的桩位、打桩设备、锤击质量、锤击次数、下沉量、平均下沉量、累计下沉量、累计标高及打桩过程情况等,并画出桩位平面示意图。

6.预应力筋张拉记录

预应力筋张拉记录包括《预应力筋张拉数据记录》(表式 C6-2-11)、《预应力筋张拉记录(一)》(表式 C6-2-12)、《预应力筋张拉记录(二)》(表式 C6-2-13)、《预应力张拉记录(后张法一端张拉)》(表式 C6-2-14)、《预应力张拉记录(后张法两端张拉)》(表式 C6-2-15)、《预应力张拉孔道压浆记录》(表式 C6-2-16)。

7.构件吊装施工记录(表式 C6-2-17)

预制钢筋混凝土主要构件、钢结构的吊装,应填写《构件吊装施工记录》(表式 C6-2-17)。对于大型设备的安装,应由吊装单位提供相应的记录。

吊装过程可简要记录,重点说明平面位置、高程偏差、垂直度,就位情况、固定方法、接缝处理等需要说明的问题。

8.预制安装水池壁板缠绕钢丝应力测定记录(表式 C6-2-18)

《预制安装水池壁板缠绕钢丝应力测定记录》(表式 C6-2-18)记录构筑物尺寸、锚固肋数、钢筋环数、钢筋直径、每段钢筋长度,并逐日按环号、肋号测定平均应力、应力损失及应力损失率等。

9.防水工程施工记录(表式 C6-2-19)

防水工程需填写《防水工程施工记录》(表式 C6-2-19)。

10.混凝土浇筑记录(表式 C6-2-20)

依据建设部《市政基础设施工程施工技术文件管理规定》(建城〔2002〕221 号)规定,凡现场浇筑 C20(含 C20)强度等级以上混凝土,须填写《混凝土浇筑记录》(表式 C6-2-20)。

11.混凝土测温记录(表式 C6-2-21~C6-2-23)

混凝土测温记录包括《混凝土测温记录》、《冬施混凝土搅拌测温记录》、《冬施混凝土养护测温记录》,当需要对混凝土进行养护测温(如大体积混凝土和冬期、高温季节混凝土施工)时,可参照《混凝土测温记录》(表式 C6-2-21)、《冬施混凝土搅拌测温记录》(表式 C6-2-22)、《冬施混凝土养护测温记录》(表式 C6-2-23)填写,也可根据工程实际情况或需要自行制定混凝土养护测温记录表格。

12.沥青混合料到场及摊铺测温记录(表式 C6-2-24)

此项记录包括沥青混合料规格、到场温度、摊铺温度、摊铺部位等。

13. 沥青混合料碾压温度检测记录(表式 C6-2-25)

本项记录碾压段落、初压温度、复压温度、终压温度等。

14. 箱涵顶进施工记录(表式 C6-2-26)

箱涵顶进施工每日早、中、晚三班检查或临时增加检查均采用本记录,检测记录内容包括顶力、进尺,箱体前、中、后高程,中线左右偏差、土质变化情况等,按规定进尺检测及加密频度检测均应采用书面记录形式。

15. 桩检测报告(表式 C6-2-27)

应由有资质的专业检测单位提供桩检测报告。

16. 钢箱梁安装检查记录(表式 C6-2-28)

专业施工单位需提供钢箱梁安装检查记录,记录钢箱梁安装后的轴线位置、梁底标高、支座位置、支座底板、四角相对高差以及箱梁的连接状况等。

17. 高强螺栓连接检查记录(表式 C6-2-29)

专业施工单位应提供高强螺栓连接检查记录,具体内容包括:高强螺栓规格、数量、螺栓孔径、扩孔数量、摩擦面处理方法、摩擦系数抽验值、终拧扭矩值等。

18. 桥梁支座安装记录(表式 C6-2-30)

本项记录由专业施工单位提供,着重填写桥梁支座制造厂家、质量证明书号、支座类型及材料,并简述支座锚栓位置及锚孔混凝土固封施工质量情况,检查支座位置与线路中心线的距离;填写支座底的设计标高和实际标高,以及各墩台支座安装质量的评述。

三、管(隧)道工程施工记录(C6-3)

管(隧)道工程施工记录包括给水、排水、燃气、供热、轨道交通、管(隧)道等工程的施工记录。

1. 焊工资格备案表(表式 C6-3-1)

从事压力管道焊接工程施工的焊工,均应对焊工的资格进行审查,非锅炉压力容器考试合格的焊工不得从事压力管道及主要受力构件的焊接工作。资格审查后填写《焊工资格备案表》(表式 C6-3-1)。

2. 焊缝综合质量评价汇总表(表式 C6-3-2)、《焊缝排位记录及示意图》(表式 C6-3-3)

对焊缝质量进行检查主要包括:焊缝(焊口)编号、焊工代号,按 GB 50236—98 规范要求汇总记录每道焊缝的外观质量、焊缝无损检测结果,按最低质量等级进行焊接质量综合评价,填写《焊缝综合质量评价汇总表》(表式 C6-3-2)。

综合说明一栏内应填写钢材的种类(如螺旋管、直缝管、无缝管等)、规格,使用的焊条型号等,压力容器压力等级等。

焊接工作完成后应编制《焊缝排位记录及示意图》(表式 C6-3-3)。

《焊缝综合质量评价汇总表》(表式 C6-3-2)和《焊缝排位记录及示意图》(表式 C6-3-3)是配套使用的记录表格。

3. 聚乙烯管道连接记录(表式 C6-3-4)

使用全自动焊机或非热熔焊接时,焊接过程的参数可以不记录;全自动、电熔焊机以焊机打印的记录为准。连接工作完成后应填写《聚乙烯管道焊接工作汇总表》(表式 C6 - 3 - 5)。

4. 钢管变形检查记录(表式 C6 - 3 - 6)

当钢管公称直径≥800 mm 时,应在回填完成后检查钢管竖向变形情况。

$$竖向变形值 = |标准内直径(D_i) - 回填后竖向内直径(D)|$$

5. 管架(固、支、吊、滑等)安装调整记录(表式 C6 - 3 - 7)

管架(固、支、吊、滑等)的选择、安装、调整应严格按设计要求进行,记录应包括管架编号、结构型式、安装位置、固定状况、调整值等。

6. 补偿器安装记录、补偿器冷拉记录(表式 C6 - 3 - 8、C6 - 3 - 9)

补偿器在安装时,应检查补偿器的型号、规格、材质、固定支架间距、安装质量,校核安装时环境温度、操作温度及安装预拉量等与设计条件是否相符,同时应附安装示意图。

管道补偿器安装时应按设计文件要求进行预拉伸,并填写《补偿器冷拉记录》(表式 C6 - 3 - 9)。

7. 防腐层施工质量检查记录(表式 C6 - 3 - 10)

本表是施工现场对设备、管道本体(管身)、固定口进行防腐及防腐层修补施工质量检查所做的记录,包括防腐材料、防腐等级、执行标准及厚度、防腐绝缘性能、外观及黏结力检查等。在固定场所(加工场)内防腐以出厂质量证明文件为准。

8. 牺牲阳极埋设记录(表式 C6 - 3 - 11)

牺牲阳极埋设时应由安装单位对阳极埋设位置(管线桩号),阳极类型、规格、数量,牺牲阳极开路电位等进行检查并记录。

9. 顶管工程顶进记录(表式 C6 - 3 - 12)

顶管施工时,应对管线位置、顶管类型、设备规格、顶进推力、顶进措施、接管形式、土质状况、水文状况进行检查记录,并逐日按班次和检测序号记录日进尺、累计进尺、中线位移、管底高程、相邻管间错口、对顶管节错口、接缝处理方法、发生意外情况及采取的措施等内容。

10. 浅埋暗挖法施工检查记录(表式 C6 - 3 - 13)

浅埋暗挖法施工检查记录是采取浅埋暗挖法施工工程在其二衬完工以后对工程整体情况进行检查的评价记录。检查内容主要包括:工程结构混凝土强度,抗压、抗折、抗渗是否符合设计要求,结构尺寸是否达到质量验收标准,外观质量是否合格等。

11. 盾构法施工记录(表式 C6 - 3 - 14)、盾构管片拼装记录(表式 C6 - 3 - 15)

盾构法施工记录与盾构管片拼装记录适用于盾构法施工完成的管(隧)道工程,分别记录盾构掘进、管片拼装两项施工过程中的工程质量情况。

表格填写与施工同步完成,依据各工程设计使用的管片大小,按环填写。

12. 小导管施工记录(表式 C6 - 3 - 16)

小导管施工时,应对小导管施工部位、规格尺寸、布设角度、间距及根数、注浆类型及数量等进行检查记录。

13. 大管棚施工记录(表式 C6 - 3 - 17)

大管棚施工时,应注明大管棚的工程部位、钢管规格尺寸,在草图中标明间距及根数、角度、深度并填写成孔质量情况等。情况栏填写管内填充料、管节连接等情况。

14. 隧道支护施工记录（表式 C6 - 3 - 18）

隧道初期支护施工时，应检查格栅的桩号部位、间距、中线、标高、连线状况、喷射混凝土厚度、混凝土强度等级等情况，并做好记录。

15. 注浆检查记录（表式 C6 - 3 - 19）

顶管、浅埋暗挖等施工需要进行注浆时，施工完毕后，应按要求进行注浆填充，并填写注浆检查记录。记录内容主要包括：注浆位置（桩号）、注浆压力、注入材料量、饱满程度等。

四、厂（场）站工程施工记录（C6 - 4）

厂（场）站工程施工记录包括：给水、污水处理，燃气、供热、轨道交通、垃圾卫生填埋等厂（场）站工程的施工记录。

1. 设备基础检查验收记录（表式 C6 - 4 - 1）

设备安装前应对设备基础的混凝土强度、外观质量进行检查，并对设备基础纵、横轴线进行复核，对设备基础外形尺寸、水平度、垂直度、预埋地脚螺栓、地脚螺栓孔、预埋栓板以及锅炉设备基础立柱相邻位置、四立柱间对角线等进行量测，并附基础示意图。填写《设备基础检查验收记录》（表式 C6 - 4 - 1）。

2. 钢制平台/钢架制作安装检查记录（表式 C6 - 4 - 2）

钢制平台/钢架材质应符合设计要求，制作安装应达到质量标准要求。对立柱底座与柱基中心线、立柱垂直度、弯曲度、立柱对角线、平台标高、栏杆、阶梯踏步、平台边缘围板等进行全面检查，并填写《钢制平台/钢架制作安装检查记录》（表式 C6 - 4 - 2）。

3. 设备安装检查记录（通用）（表式 C6 - 4 - 3）

给水、污水处理，燃气、供热、轨道交通、垃圾卫生填埋等厂（场）站中使用的通用设备安装均可采用本表。应在安装中检查设备的标高、中心线位置、垂直度、纵横向水平度及设备固定的形式，使之符合设计要求，达到质量标准。

4. 设备联轴器对中检查记录（表式 C6 - 4 - 4）

设备联轴器安装完毕后应对联轴器对中情况进行检查并记录，内容包括：径向位移值、轴向倾斜值、端面间隙值，并附联轴器布置示意图。

5. 容器安装检查记录（表式 C6 - 4 - 5）

容器（箱罐）安装前应进行基础检查及容器严密性试验，安装中应对容器安装的标高、中心线、垂直度、水平度、接口方向及液位计、温度计、压力表、安全泄放装置、水位调节装置、取样口位置、内部防腐层、二次灌浆等内容进行检查并记录。

6. 安全附件安装检查记录（表式 C6 - 4 - 6）

本表是对压力表、安全阀、水（液）位计等安全附件安装的情况进行检查和记录。

7. 软化水处理设备安装调试记录（表式 C6 - 4 - 7）

软化水处理设备安装和调试应填写《软化水处理设备安装调试记录》（表式 C6 - 4 - 7）。

8. 燃烧器及燃料管路安装记录(表式 C6 - 4 - 8)

燃烧器及燃料管路安装时,应填写《燃烧器及燃料管路安装记录》(表式 C6 - 4 - 8)。

9. 管道/设备保温施工检查记录(表式 C6 - 4 - 9)

管道/设备如果设计要求保温,在保温施工时需对基层处理与涂漆情况、保温层施工情况、保护层施工情况进行检查并记录。对直埋热力管道的接口保温(套袖连接)还应进行气密性试验。

10. 净水厂水处理工艺系统调试记录(表式 C6 - 4 - 10)

净水厂(站)工程达到基本交验条件,工程竣工验收前,监理工程师对各专业工程的质量情况、使用功能进行全面检查,对发现的问题经施工(安装)单位整改及功能试验后,由监理单位组织,施工(安装)单位、设计单位和建设单位参加,对净水厂(场)站水处理工艺系统调试,由施工单位填写《净水厂水处理工艺系统调试记录》(表式 C6 - 4 - 10)。

11. 加药、加氯工艺系统调试记录(表式 C6 - 4 - 11)

厂(场)站加药、加氯工程达到基本交验条件时,水处理工艺系统调试后,由监理单位组织,施工(安装)单位进行,必要时请建设单位及设计单位派代表参加,对加药、加氯工艺系统调试,由施工单位填写《加药、加氯工艺系统调试记录》(表式 C6 - 4 - 11)。

12. 离心水泵综合效率试验记录(表式 C6 - 4 - 12)

给水厂(场)站离心水泵安装、检查,符合设计文件和施工规范条件后,需对离心水泵综合效率进行试验,由施工单位(或试验单位)填写《离心水泵综合效率试验记录》(表式 C6 - 4 - 12)。

13. 水处理工艺管线验收记录(表式 C6 - 4 - 13)

水处理工艺管线工程完成后,监理(建设)单位组织,设计单位、施工(安装)单位等进行水处理工艺管线验收,由施工单位填写《水处理工艺管线验收记录》(表式 C6 - 4 - 13)。

14. 污泥处理工艺系统调试记录(表式 C6 - 4 - 14)

污泥处理工艺系统工程达到基本条件,污水处理工艺系统调试后,由监理单位组织,施工(安装)单位进行,必要时请建设单位及设计单位派人参加,对污泥处理工艺系统调试,由施工单位填写《污泥处理工艺系统调试记录》(表式 C6 - 4 - 14)。

15. 自控系统调试记录(表式 C6 - 4 - 15)

水厂(场)站自控系统工程完成后,监理(建设)单位组织,施工(安装)单位进行,对自控系统进行调试,由施工单位填写《自控系统调试记录》(表式 C6 - 4 - 15)。

16. 自控设备单台安装记录(表式 C6 - 4 - 16)

水厂(站)自控设备安装完成后,由施工单位填写《自控设备单台安装记录》(表式 C6 - 4 - 16)。

五、电气安装工程施工记录(C6 - 5)

1. 电气安装工程分项自检、互检记录(表式 C6 - 5 - 1)

检查时自检、互检、质检栏填写实测数据,序号填写时应与"具体项目及标准要求"栏的第一行字相对应。

2. 电缆敷设检查记录(表式 C6 - 5 - 2)

对电缆的敷设方式、编号、起止位置、规格、型号进行检查,并按电气装置安装工程《电缆线路施工及验收规范》(GB 50168—2006)要求,对安装工艺质量进行检查,填写《电缆敷设检查记录》(表式 C6 - 5 - 2)。

3. 电气照明装置安装检查记录(表式 C6 - 5 - 3)、电线(缆)钢导管安装检查记录(表式 C6 - 5 - 4)

对电气照明装置的配电箱(盘)、配线,各种灯具、开关、插座、风扇等安装工艺及质量按《建筑电气工程施工质量验收规范》(GB 50303—2002)要求进行检查,填写《电气照明装置安装检查记录》(表式 C6 - 5 - 3)。

对电线(缆)钢导管的起、止点位置及高程、管径、长度、弯曲半径、联接方式、防腐及排列情况进行检查并填写《电线(缆)钢导管安装检查记录》(表式 C6 - 5 - 4)。

4. 成套开关柜(盘)安装检查记录(表式 C6 - 5 - 5)

检查成套开关柜(盘)型钢外廓尺寸、基础型钢的不直度、水平度、位置、不平行度及开关柜的垂直度、水平偏差、柜面偏差、柜间接缝,要求成套开关柜(盘)安装偏差符合规范要求并填写《成套开关柜(盘)安装检查记录》(表式 C6 - 5 - 5)。

5. 盘、柜安装及二次接线检查记录(表式 C6 - 5 - 6)

对盘、柜及二次接线安装工艺及质量进行检查。内容包括:盘、柜及基础型钢安装偏差,盘、柜固定及接地状况,盘、柜内电器元件、电气接线、柜内一次设备安装等,电气试验结果是否符合规范要求并填写《盘、柜安装及二次接线检查记录》(表式 C6 - 5 - 6)。

6. 避雷装置安装检查记录(表式 C6 - 5 - 7)

检查避雷装置安装质量,对避雷针、避雷网(带)、引下线的材质、规格、长度,结构型式、外观、焊接及防腐情况,引下线断点高度,接地极组数及接地电阻测量数值、防腐处理情况进行检查并填写《避雷装置安装检查记录》(表式 C6 - 5 - 7)。

7. 起重机电气安装检查记录(表式 C6 - 5 - 8)

检查起重机电气安装质量,内容主要包括:滑接线及滑接器、悬吊式软电缆、配线、控制箱(柜)、控制器、限位器、安全保护装置、制动装置、撞杆、照明装置、轨道接地、电气设备和线路的绝缘电阻测试并填写《起重机电气安装检查记录》(表式 C6 - 5 - 8)。

8. 电机安装检查记录(表式 C6 - 5 - 9)

对电机安装位置,接线、绝缘、接地情况,转子转动灵活性,轴承框动情况,电刷与滑环(换向器)的接触情况,电机的保护、控制、测量、信号等回路工作状态进行检验并填写《电机安装检查记录》(表式 C6 - 5 - 9)。

9. 变压器安装检查记录(表式 C6 - 5 - 10)

按《电气装置安装工程　电力变压器、油浸电抗器、互感器施工及验收规范》(GBJ 148—90)标准要求,对变压器安装的位置,母线连接、接地,变压器器身,瓷套管,储油柜,冷却装置,油位,分接头位置,滚轮制动,测温装置及并列运行条件等进行检验,检查电气试验报告是否齐全、合格,并填写《变压器安装检查记录》(表式 C6 - 5 - 10)。

10. 高压隔离开关、负荷开关及熔断器安装检查记录(表式 C6 - 5 - 11)

对开关操动机构、传动装置、闭锁装置、安装位置、合闸时三相不同期值、分闸时触头打开角度、距离、触头接触情况进行检查,核对熔体额定电流与设计值,检查试验报告是否合格、齐全,填写《高压隔离开关、负荷开关及熔断器安装检查记录》(表式 C6－5－11)。

11. 电缆头(中间接头)制作记录(表式 C6－5－12)

对电缆头型号、保护壳型式、接地线规格、绝缘带规格、芯线连接方法、相序校对、绝缘填料电阻测试值、电缆编号、规格型号等进行检查并填写《电缆头(中间接头)制作记录》(表式 C6－5－12)。

12. 厂区供水设备、供电系统调试记录(表式 C6－5－13)

电气设备安装调试应符合国家及有关专业的规定,各系统设备的单项安装调试合格后,由施工(安装)单位对厂区供水设备、供电系统调试,并填写《厂区供水设备、供电系统调试记录》(表式 C6－5－13)。

13. 自动扶梯安装前检查记录(表式 C6－5－14)

自动扶梯安装应根据设计要求检查记录安装条件,包括机房宽度、深度、支承宽度、长度,中间支承强度、支承水平间距,扶梯提升高度,支承预埋铁尺寸,提升设备搬运的连接附件等。

第七节　施工试验记录(C7 类)

根据规范和设计要求进行试验,并记录原始数据和计算结果,得出试验结论。包括各类专用施工试验记录,如有新技术、新工艺及其他特殊工艺时,使用通用的施工试验记录。施工试验按规范和设计要求分部位、分系统进行。市政基础设施工程通用施工试验记录和基础/主体结构工程施工试验记录划为一类,其他分为道路、桥梁施工试验记录,管(隧)道工程施工试验记录,厂站设备安装及电气安装施工试验记录。

一、施工试验记录(通用)(C7－1)

施工试验记录(通用)是在无专用施工试验记录的情况下,对施工试验方法和试验数据进行记录的表格,填写《施工试验记录》(通用)(表式 C7－1)。

二、基础/主体结构工程通用施工试验记录(C7－2)

1. 土壤液塑限联合测定记录(表式 C7－2－1)

当合同对回填土土质有要求时,应对土壤进行液塑限、含水量和湿松密度试验,测定有机质含量。填写《土壤液塑限联合测定记录》(表式 C7－2－1)。

2. 回填土

回填土包括素土、灰土、砂和砂石地基的夯实填方及柱基、基坑、基槽的回填夯实。

(1)当设计图纸中有压实度要求时,应有击实试验报告,报告中应提供回填土的最大干密度、最佳含水率的控制值。

(2)回填土干密度试验应有分层、分段、分步的干密度数据及取样平面位置图。

(3)道路工程、桥梁工程、管(隧)道工程使用《土壤(无机料)最大干密度与最佳含水量试验报告》(表式 C7－2－2)、《土壤压实度试验记录(环刀法)》(表式 C7－2－3)、《土壤压实度试验记录(水袋法)》(表式 C7 - 2 - 4)。

3. 砌筑砂浆

(1)应有砂浆配合比申请单和试验室签发的配合比通知单(表式 C7 - 2 - 5)。

(2)应有按规定留置的龄期为 28 天标养试块的抗压强度试验报告,即《砂浆抗压强度试验报告》(表式 C7 - 2 - 6)。

(3)应按单位工程分种类、强度等级汇总填写《砂浆试块强度试验汇总表》(表式 C7 - 2 - 7)。

(4)应按单位工程分种类、强度等级汇总填写《砂浆试块强度统计评定记录》(表式 C7 - 2 - 8)。

(5)按同类、同强度等级砂浆为一验收批,并应符合下列要求:

$$f_{2,m} \geq f_2$$
$$f_{2,min} \geq 0.75 f_2$$

式中　$f_{2,m}$——同一验收批中砂浆立方体抗压强度各组平均值,MPa;

$f_{2,min}$——同一验收批中砂浆立方体抗压强度最小一组值,MPa;

f_2——验收批砂浆设计强度等级所对应的立方体抗压强度,MPa。

当施工出现下列情况时,可采用非破损或微破损检验方法对砂浆和砌体强度进行原位检测,推定砂浆强度,并应有法定单位出具的检测报告。

砂浆试块缺乏代表性或试块数量不足;对砂浆试块的试验结果有怀疑或有争议;砂浆试块的试验结果,已判定不能满足设计要求的,需要确定砂浆和砌体强度。

(6)砌筑砂浆试块的留置及必试项目按规范进行。

(7)用于承重结构的砌筑砂浆试块按规定实行有见证取样和送检的管理。

4. 混凝土

(1)应有混凝土配合比申请单和由试验室签发的配合比通知单(表式 C7 - 2 - 9),施工中如材料有变化时,应有修改配合比的试验资料。

(2)应有按规定组数留置的 28 天龄期标养试块和足够数量的同条件养护试块,并按《混凝土抗压强度试验报告》、《混凝土抗折强度试验报告》、《混凝土抗渗试验报告》(表式 C7 - 2 - 10 ~ C7 - 2 - 12)的要求进行试验。

现浇结构混凝土和冬期施工混凝土的同条件养护试块抗压强度试验报告,作为拆模、张拉、施加临时荷载等的依据。

(3)冬期施工应有受冻临界强度试块和转常温试块的抗压强度试验报告。

(4)应按单位工程分种类、强度等级汇总填写《混凝土强度(性能)试验汇总表》(表式 C7 - 2 - 13)。

(5)应按单位工程分种类、强度等级汇总填写《混凝土试块强度统计评定记录》(表式 C7 - 2 - 14)。

同一验收项目、同等强度等级、同龄期(28 天标养)、配合比基本相同(是指施工配制强度相同,并能在原材料有变化时,及时调整配合比,使其施工配制强度目标值不变)、生产工艺条件基本相同的混凝土为一个验收批。

(6)由不合格批混凝土制成的结构或未按规定留置试块的,应有结构处理的有关资料,需要检测的,应有法定检测单位的检测报告,并征得原设计人的书面认可。

(7)抗渗混凝土、抗冻混凝土、特种混凝土除应具有上述资料外,还应具有其他专项试验报告。

(8)抗压强度试块、抗折强度试块、抗渗性能试块、抗冻融性能试块的留置及强度统计方法按规范进行。

(9)用于承重结构的混凝土抗压强度试块,按规定实行有见证取样和送检的管理。

(10)潮湿环境、直接与水接触的混凝土工程和外部有碱环境并处于潮湿环境中的混凝土工程,应预防碱集料反应,并按有关规定执行。

5.钢筋连接

(1)用于焊接、机械连接的钢筋接头,其接头的力学性能和工艺性能应符合现行国家标准。

(2)在正式焊接工程开始前及施工过程中,应对每批进场的钢筋,在现场条件下进行焊接性能试验(可焊性),机械连接应进行工艺检验。可焊性试验、工艺检验合格后方可进行焊接或机械连接的施工。

(3)机械连接接头的现场检验按验收批进行。《钢筋机械连接试验报告》见(表式C7-2-15)机械连接的工艺检验,现场检验验收批的划分、取样数量及必试项目按规范进行。

(4)钢筋焊接接头或焊接制品应按焊接类型分批进行质量验收并进行记录,《钢筋焊接连接试验报告》见(表式C7-2-16)。验收批的划分、取样数量和必试项目见有关规范。

(5)施工中采用机械连接接头型式施工时,技术提供单位应提交法定检测机构出具的型式检验报告。

(6)结构工程中的主要受力钢筋接头按规定实行有见证取样和送检的管理。

6.焊接质量无损检测记录

对管道、钢构件、钢箱梁、钢制容器等承受拉力或压力的焊缝进行无损检测后,应填写焊接质量无损检测记录(表式C7-2-17~C7-2-22),检测工作应按设计或标准的要求由具有资质的检测单位进行检测,并出具无损检测报告。无损检测报告包括以下内容:《射线检测报告》、《射线检测报告底片评定记录》、《超声波检测报告》、《超声波检测报告评定记录》、《磁粉检测报告》、《渗透检测报告》。检测结论应主要包含实际检测量、一次检测合格率、返修的最高次数、最终质量结果等内容。

三、道路、桥梁工程试验记录(C7-3)

道路、桥梁工程试验记录包括道路、桥梁工程各检验批、分项、整体质量的试验资料数据及其安全性能、功能质量的试验结论。

它应包括路基基层、连接层等结构层,必须严格控制每层结构的压实度、平整度、高程、厚度等。在施工中按下列项目进行试验并记录:《石灰类无机混合料中石灰剂量检验报告》(表式C7-3-1)、《道路基层混合料抗压强度试验报告》(表式C7-3-2)、《压实度试验记录(灌砂法)》(表式C7-3-3)、《沥青混合料压实度试验报告(蜡封法)》(表

C7－3－4)、《道路结构层厚度检验记录》(表式 C7－3－5)、《道路结构层平整度检查记录》(表式 C7－3－6)、《路面粗糙度检查记录》(表式 C7－3－7)。为保证工程质量,以上试验均由施工单位委托有资质的试验室委托检测单位完成检验批 1/3 的试验。

第八节　功能性试验记录(C8 类)

一、道路、桥梁工程功能性试验记录(C8－1)

各道路结构层必须严格控制每层结构的弯沉值,填写《回弹弯沉记录》(表式 C8－1－1),必须委托有资质的检测单位完成 1/3 的检验批。

合同要求时须进行桥梁桩基、动(静)荷载试验、防撞栏杆防撞等功能性试验。试验前应与有资质的试验单位签订《桥梁功能性试验委托书》(表式 C8－1－2),由试验单位进行桥梁桩基、动(静)荷载、防撞试验方案设计,并按方案设计进行试验,试验后出具《桥梁功能性试验报告》(表式 C8－1－3)。

二、管(隧)道工程功能性试验记录(C8－2)

管(隧)道工程功能性试验记录包括给水、排水、燃气、热力管道工程的结构安全及功能质量的试验资料。

1. 给水管道工程试验

给水管道安装经质量检查符合标准和设计文件规定后,应按标准规定的长度进行水压试验并对管网进行清洗,试验后填写《给水管道水压试验记录》(表式 C8－2－1)、《给水、供热管网清洗记录》(表式 C8－2－2)。

2. 供热管道工程试验

供热管道安装经质量检查符合标准和设计文件规定后,应分别按标准规定的长度进行分段和全长的管道水压试验,管道清洗可分段或整体联网进行。试验后填写《给水、供热管网冲洗记录》(表式 C8－2－2)、《供热管道水压试验记录》(表式 C8－2－3)。供热管网应按标准要求进行整体热运行,填写《供热管网(场站)试运行记录》表式 C8－2－4)。

3. 燃气管道工程试验

燃气管道为输送煤气、天然气、液化石油气的压力管道,管道及安全附件的校验、防腐绝缘、阴极保护、管道清洗、强度、严密性等试验,均是确保管道使用安全的重要条件。管道及管道附件在施工质量检查合格后应根据规范要求,进行下列试验:

(1)管道工程施工后,应按设计要求对燃气管道进行内部处理,处理后填写《燃气管道通球试验记录》(表式 C8－2－5)、《管道系统吹洗(脱脂)记录》(表式 C8－2－13)。

(2)进行强度/严密性试验后填写《燃气管道强度试验记录》(表式 C8－2－6)、《燃气管道严密性试验验收单》(表式 C8－2－7)、《燃气管道严密性试验记录》(表式 C8－2－8、表式 C8－2－9)、《户内燃气设施强度/严密性试验记录》(表式 C8－2－10)、《燃气储罐总体试验记录》(表式 C8－2－11)。

（3）阴极保护系统安装全部完成后,在监理（建设）单位的组织下,应对被保护系统的保护电位进行测量验收,填写《阴极保护系统验收测试记录》（表式 C8 - 2 - 14）。表中电位为相对于饱和硫酸铜的电极电位（ - V）,测试位置（桩号）为设计图纸的位置（桩号）。

（4）阀门试验记录（表式 C8 - 2 - 12）

阀门安装前,应作强度和气密性试验,同型号同规格抽查不少于 10%。强度试验为阀门公称压力的 1.5 倍,严密性试验为阀门公称压力。

4. 无压力管道严密性试验记录

雨水、污水、雨污水合流管道完工后应分段进行管道闭水试验,填写《无压力管道严密性试验记录》（表式 C8 - 2 - 15）（1/3 的检验批资料来源于检测单位）。

三、厂（场）站设备安装工程施工试验记录（C8 - 3）

给水、污水处理、供热、燃气、轨道交通、垃圾卫生填埋等厂（场）站设备的安装,均须进行设备调试,部分设备须进行有关试验。

1. 调试记录（通用）（表式 C8 - 3 - 1）

一般设备、设施在调试时,在无专用表格的情况下均可采用本表进行记录。

2. 运转设备试运行记录（通用）（表式 C8 - 3 - 2）

各种运转设备试运行在无专用表格的情况下一般均应采用本表进行记录。

3. 设备强度/严密性试验

气柜、容器、箱罐等设备安装后,应按设计要求进行强度、严密性试验,填写《设备强度/严密性试验记录》（表式 C8 - 3 - 3）。

4. 起重机试运转试验记录

起重机包括桥式起重机、电动葫芦等,起重设备安装后,应进行静负荷、动负荷试验,填写《起重机试运转试验记录》（表式 C8 - 3 - 4）。

5. 设备负荷联动（系统）试运行记录（表式 C8 - 3 - 5）

设备（系统）进行负荷联动试运行时,应采用本表记录。负荷联动试运行时间如无特殊要求一般为 72 小时。另外,污水厂站工程设备（系统）负荷联动试运行包括清水情况下及污水情况下两个过程,每个过程按本表分别作记录。

6. 安全阀调试记录

燃气、热力管道系统及厂（场）、站工程中安装的安全阀,在使用前均须进行开启压力的调整,并填写《安全阀调试记录》（表式 C8 - 3 - 6）。

7. 厂（场）站构筑物功能性试验

厂（场）站工程水工构筑物（如消防水池、污水处理厂中的集水池、消化池、曝气池、沉淀池、水厂的清水池、澄清池、滤池、沉淀池等）须进行功能性试验。填写《水池满水试验记录》（表式 C8 - 3 - 7）、《污泥消化池气密性试验记录》（表式 C8 - 3 - 8）、《曝气均匀性试验记录》（表式 C8 - 3 - 9）,《曝气均匀性试验记录》适用于污水厂站工程水池池底安装曝气头或曝气器的情况,当在池顶部或污水上表面安装曝气设施时（如转刷等）,不需做曝气均匀性试验。

8. 防水工程试水记录(表式 C8 - 3 - 10)

防水工程完成后,若需要进行试水试验,应填写《防水工程试水记录》,并明确检查采用的方式。如采用蓄水方式,应填写蓄水起止时间。

四、电气工程施工试验记录(表式 C8 - 4)

电气设备安装调试记录应符合国家及有关专业的规定,施工试验包括各个系统设备的单项安装调整试验记录、综合系统调整试验记录及设备试运转记录。

电气设备安装工程各系统的安装调整试验记录必须按系统收集齐全归档,分承包的工程由分承包单位按承包范围收集齐全,交总承包单位整理归档。各个系统安装调整试验记录整理收集齐全后,单位工程方可申报竣工验收。

1. 电气绝缘电阻测试记录(表式 C8 - 4 - 1)

电气安装工程安装的所有高、低压电气设备、线路、电缆等在送电试运行前必须全部按规范要求进行绝缘电阻测试,填写《电气绝缘电阻测试记录》(表式 C8 - 4 - 1)。

2. 电气照明全负荷试运行记录(表式 C8 - 4 - 3)

建筑照明系统连续通电全负荷试运行时间为 24 小时,所有灯具均应开启,且每 2 小时对照明电路各回路的电压、电流等运行数据进行记录(表式 C8 - 4 - 3)。

3. 电机试运行记录(表式 C8 - 4 - 4)

新安装的电动机,验收前必须进行通电试运行。对电压、电流、转速、温度、振动、噪声等数据及控制系统运行状态进行记录,电动机空载试运行时间宜为 2 小时。

4. 电气接地装置平面示意图与隐检记录、电气接地电阻测试记录

电气接地装置安装时应对防雷接地、保护接地、重复接地、计算机接地、防静电接地、综合接地、工作接地、逻辑接地等各类接地形式的接地系统的接地极、接地干线的规格、形式、埋深、焊接及防腐情况进行隐蔽检查验收,测量接地电阻值,并附接地装置平面示意图。填写电气接地装置平面示意图与隐检记录(表式 C8 - 4 - 5)及《电气接地电阻测试记录》(表式 C8 - 4 - 2)。

5. 变压器试运行检查记录(表式 C8 - 4 - 6)

新安装的变压器必须进行通电试运行,对一两次电压、电流、油温等数据进行测量,检查分接头位置、瓷套管有无闪络放电、冲击合闸情况、风扇工作情况及有无渗油等,并作记录。

第九节　施工质量验收记录(C9 类)

一、检验批质量验收记录(表式 C9 - 1)

在一个检验批由施工单位自检合格后,填写《检验批质量验收记录》(表式 C9 - 1),由施工单位填写《检验批工程报验单》,报工程监理单位,监理工程师(建设单位项目专业技术负责人)按照有关规范规定组织施工项目专业质量检查员进行验收。

检验批填写说明如下:

编号:填写该检验批的编码。

单位工程名称:按合同文件上的单位工程名称填写。

子单位工程名称:道路、排水、桥梁、电缆沟。

分项工程名称:按照本指南规定的分项工程名称填写。

分部工程名称:按照本指南规定的分项工程名称填写。

施工单位、分包单位:填写全称,与合同上公章名称一致。

项目经理:填写合同中指定的项目负责人,有分包单位时,也应填写分包单位全称,分包单位的项目经理也应是合同中指定的项目负责人,这些人员由填表人填写,不要本人签字,只是标明他是项目负责人。

施工执行的标准名称及编号:由于验收规范多数只列出验收的质量指标,对其工艺等只提出一个原则要求,具体的操作工艺就靠企业标准了。只有按照不低于国家质量验收规范的企业标准来操作,才能保证国家验收规范的实施。企业标准应有编制人、批准人、批准时间、执行时间、标准名称及编号。填写表时只要将标准名称及编号填写上,就能在企业的标准系列中查到详细情况,并要在施工现场有这项标准,便于工人执行。

质量验收规范的规定:如果在制表时就已填写好验收规范的主控项目、一般项目的全部内容,但由于表格的地方小,不能将多数制表全部内容记下,所以只将质量指标归纳、简化描述或题目及条文号填写上,作为检查内容提示,以便查对验收规范的原文,对计数检验的项目,将数据直接打印出来。

施工单位检查评定记录:填写方法分以下几种情况,判定验收不验收均按施工质量验收规定进行判定。

(1)对定量项目直接填写检查的数据。

(2)对定性项目,当符合规范规定时,采用打"√"的方法标注;当不符合规范规定时,采用打"×"的方法标注。

(3)有混凝土、砂浆强度等级的检验批,按规定制取试件后,可填写试件编号,待试件试验报告出来后,对检验批进行判定,并在分项工程验收时进一步进行强度评定及验收。

(4)对既有定性又有定量的项目,各子项目质量均符合规范规定时,采用打"√"来标注;否则,采用打"×"来标注,无此项内容的,采用打"/"来标注。

(5)对一般合格点有要求的项目,应是其中带有数据的定量项目;定性项目必须基本达到。定量项目其中每个项目都必须有80%以上(混凝土保护层为90%)检测点的实测数值达到规范规定。其余20%按各专业施工质量验收规范规定,不能大于150%;钢结构为120%,就是说有数据的项目,除必须达到规定的数值外,其余可放宽的,最大放宽到150%。

监理(建设)单位验收记录:通常监理人员应采用平行、旁站或巡回的方法进行监理,在施工过程中,对施工质量进行察看和测量,并参加施工单位的重要项目的检测。对新开工或首件产品进行全面检查,以了解质量水平和控制措施的有效性及执行情况,在整个过程中,随时进行平行测量等,在检验批验收时,对主控项目、一般项目应逐项进行验收。对符合验收规范规定的项目,填写"合格"或"符合要求";对不符合验收规范规定的项目,暂不填写,待处理后再验收,但应作标记。

施工单位检查评定结果:施工单位自行检查评定合格后,应注明"主控项目全部合格,一般项目满足规范规定要求"。

专业工长(施工员)、施工班、组长和技术负责人:应由本人签字,以示承担责任。

项目专业质量检查员:项目专业质量检查员代表企业逐项检查评定,填写表并写清楚结果,签字后,交监理工程师或建设单位项目专业技术负责人验收。

施工单位检查评定结果:确认该检验批所有主控项目经企业自检合格,一般项目及抽查的点、位、项均符合规范及设计要求。

监理(建设)单位验收结论:主控项目、一般项目验收合格,混凝土、砂浆试件强度待试验报告出来后判定,其余项目已全部验收合格,注明"同意验收",专业监理工程师及建设单位的专业技术负责人签字。对主控项目和一般项目复核检查,做出是否符合要求的结论,明确是否同意进入后续工序的施工。

二、分项工程质量验收记录(表式 C9 - 2)

在一个分项工程由施工单位自检合格后,填写《分项工程质量验收记录》(表式 C9 - 2),由施工单位填写《分项工程施工报验单》,报工程监理单位,监理工程师(建设单位项目专业技术负责人)按照有关规范规定组织施工项目技术负责人进行验收。

三、分部(子分部)工程质量验收记录(表式 C9 - 3)

分部(子分部)工程由施工单位自检合格后,填写《分部(子分部)工程质量验收记录》(表式 C9 - 3),由施工单位填写《分部(子分部)工程施工报验单》,报工程监理单位,总监理工程师(建设单位项目技术负责人)按照有关规范规定组织施工项目部的技术质量负责人及有关方面负责人进行验收。

第十节　竣工验收文件(C10 类)

一、工程竣工总结、工程竣工报告(表式 C10 - 1)

工程完工后由施工单位编写工程竣工总结和工程竣工报告。

工程竣工总结主要内容包括:工程概况,竣工的主要工程数量和质量情况,使用了何种新技术、新工艺、新材料、新设备,施工过程中遇到的问题及处理方法,工程中发生的主要变更和洽商,遗留的问题及建议等。

工程竣工报告是由施工单位对已完工程进行检查,确认工程质量符合有关法律、法规和工程建设强制性标准,符合设计及合同要求而提出的工程告竣文书。该报告应经项目经理和施工单位有关负责人审核签字、加盖单位公章。实行监理的工程,工程竣工报告必须经总监理工程师签署意见。

二、单位(子单位)工程竣工预验收报验表(表式 C10 - 2)、《单位(子单位)工程质量竣工验收记录》(表式 C10 - 3)

单位(子单位)工程完工后,施工单位应自行组织有关人员进行检验,并向监理单位报送《单位(子单位)工程竣工预验收报验表》(表式 C10 -2),并提交规定的资料,经监理工程师签认并同意验收。建设单位接到监理工程师统一正式验收的报告后,由建设单位(项目)负责人组织施工、设计,监理单位(项目)负责人进行验收,并填写《单位(子单位)工程质量竣工验收记录》(表式 C10 -3)。

三、单位(子单位)工程质量控制资料核查记录(表式 C10 -4)

单位工程各检验批、分项、分部、设备安装完成后,由施工单位对资料进行核查,并填写《单位(子单位)工程质量控制资料核查记录》(表式 C10 -4)。

四、单位(子单位)工程安全和功能检验资料核查及主要功能抽查记录(表式 C10 -5)

在单位工程完工后,由监理(建设)单位对单位工程的质量控制资料和安全及使用功能试验资料进行核查。施工单位应据实填报本表,并提供本表所列核查项目的各种资料,经监理(建设)单位核查签认合格后,方可进行单位工程竣工验收。

五、单位(子单位)工程观感质量检查记录(表式 C10 -6)

在单位工程完工后,由监理(建设)单位对单位工程的观感质量进行抽查。施工单位应据实填报本表,经监理(建设)单位核查签认合格后,方可进行单位工程竣工验收。

六、工程质量竣工验收证书(表式 C10 -7)

单位工程各检验批、分项、分部(子分部)、设备安装完成后,由建设单位组织监理单位、勘察单位、设计单位、施工单位及相关单位对单位工程进行总体验收并作出鉴定,工程竣工验收应书面通知质量监督机构派人员参加。建设单位填写《工程质量竣工验收证书》(表式 C10 -7),参加验收的人员及项目负责人必须签字,并加盖单位公章。

第七章 施工用表

第一节 施工管理文件用表

工程概况表 C1 - 1

年　　月　　日

工程名称			编　号	
工程地址			设计单位	
建设地点			勘察单位	
建筑面积			监理单位	
计划开工日期			施工单位	
计划竣工日期			质量监督单位	
结构类型			工程规划许可证	
规划用地许可证			监督注册号	
施工许可证			中标合同价	
道路工程	长度 (m)	设计等级	红线宽度 (m)	侧石长度 (m)	树坑 (个)	材质	附属
排水工程	起止井号	管径 (m)	长度 (m)	检查井 (座)	雨水口 (座)	材质	
						管径	井盖
桥梁工程	桩号	主要结构 形式	宽度 (m)	荷载等级	桥梁面积	荷载等级	孔数
电力工程	起止井号	长度	断面 $b \times h$	抗震等级	埋管 $d \times n$	材质	
						电缆沟	电缆沟
其他工程							

本表由施工单位填写。

施工现场质量管理检查记录 C1 - 2

工程名称		施工许可证		编　号	
建设单位			项目负责人		
设计单位			项目负责人		
勘察单位			项目负责人		
监理单位			总监理工程师		
施工单位		项目经理		项目技术负责人	

序号	项目	内容
1	现场质量管理制度	
2	质量责任制	
3	主要专业工种操作上岗证书	
4	专业承包单位资质管理制度	
5	施工图审查情况	
6	地质勘察资料	
7	施工组织设计编制及审批	
8	施工技术标准	
9	工程质量检验制度	
10	混凝土搅拌站及计量设置	
11	现场材料、设备存放与管理制度	
12	企业资质证书及相关专业人员岗位证书	

检查结论：

总监理工程师（建设单位项目负责人）　　　　　　　　　　　年　　月　　日

　　该记录应符合《建筑工程施工质量验收统一标准》（GB 50300—2002）的有关规定。本表由施工单位填写。

分包单位资质报审表 C1 -3

工程名称		施工编号	
		监理编号	
		日　期	

致＿＿＿＿＿＿＿＿(监理单位):

　　经考察,我方认为拟选择的 ＿＿＿＿＿＿＿ (专业承包单位)具有承担下列工程的施工资质和施工能力,可以保证本工程项目按合同的约定进行施工。分包后,我方仍然承担总承包单位的责任。请予以审查和批准。

　　附:1.□分包单位资质材料

　　　　2.□分包单位业绩材料

　　　　3.□中标通知书

分包工程名称(部位)	工程量	分包工程合同额	备注
合计			

施工总承包单位(章)＿＿＿＿＿＿＿＿

项目经理＿＿＿＿＿＿＿＿

专业监理工程师审查意见:

专业监理工程师＿＿＿＿＿＿＿＿

日　期＿＿＿＿＿＿＿＿

总监理工程师审核意见:

总监理工程师＿＿＿＿＿＿＿＿

日　期＿＿＿＿＿＿＿＿

　　该记录应符合现行国家标准《建设工程监理规范》(GB 50319—2002)的有关规定。本表由总承包单位填写。

建设工程质量事故调查、勘查记录 C1 - 4

工程名称		编　号		
		日　期		
调(勘)查时间	年　月　日　时　分至　时　分			
调(勘)查地点				
参加人员	单位	姓名	职务	电话
被调查人				
陪同调(勘)查人员				
调(勘)查笔录				
现场证物照片	□有　　□无　　共　　张　　共　　页			
事故证据资料	□有　　□无　　共　　张　　共　　页			
被调查人签字		调(勘)查人签字		

本表由调查单位填写。

施工日志 C1-5

工程名称		编　　号	
		日　　期	
施工单位			
天气状况	风力	最高/最低温度	

施工情况记录:(施工部位、施工内容、机械使用情况、劳动力情况,施工中存在的问题等):

技术、质量、安全工作记录:(技术、质量安全活动、检查验收、技术质量安全问题等):

项目负责人		填写人	

本表由施工单位填写。

监理工程师通知回复单 C1－6

工程名称		施工编号	
		监理编号	
		日　　期	

致＿＿＿＿＿＿＿＿（监理单位）：

　　我方接到编号为＿＿＿＿＿＿＿＿的监理工程师通知后,已按要求完成了＿＿＿＿＿＿＿工作,现报上,请予以复查。

详细内容：

专业承包单位＿＿＿＿＿＿＿＿＿＿＿　　项目经理/责任人＿＿＿＿＿＿＿

施工总承包单位＿＿＿＿＿＿＿＿＿＿　　项目经理/责任人＿＿＿＿＿＿＿

复查意见：

监理单位＿＿＿＿＿＿＿＿

总/专业监理工程师＿＿＿＿＿＿＿

日　　期＿＿＿＿＿＿＿

本表由施工单位填写。

第二节　施工技术文件用表

工程技术文件报审表 C2－1

工程名称		施工编号	
		监理编号	
		日　期	

致＿＿＿＿＿＿＿＿（监理单位）：

　　我方已编制完成了＿＿＿＿＿＿＿技术文件,并经相关技术负责人审查批准,请予以审定。

　　附:技术文件＿＿＿页＿＿＿册

施工总承包单位＿＿＿＿＿＿＿＿＿＿　　项目经理/责任人＿＿＿＿＿＿＿＿

专业承包单位＿＿＿＿＿＿＿＿＿＿＿　　项目经理/责任人＿＿＿＿＿＿＿＿

专业监理工程师审查意见：

　　　　　　　　　　　专业监理工程师＿＿＿＿＿＿＿＿

　　　　　　　　　　　日　　期＿＿＿＿＿＿＿＿

总监理工程师审批意见：

审定结论：　　□同意　　□修改后再报　　□重新编制

　　　　　　　　　　　监理单位＿＿＿＿＿＿＿＿

　　　　　　　　　　　总监理工程师＿＿＿＿＿＿＿＿

　　　　　　　　　　　日　　期＿＿＿＿＿＿＿＿

本表由施工单位填写。

施工组织设计审批表 C2 - 3

工程名称			编　号	
			日　期	
施工单位				
有关部门会签意见		负责人签字：　　　　　　　年　　月　　日		
		负责人签字：　　　　　　　年　　月　　日		
		负责人签字：　　　　　　　年　　月　　日		
		负责人签字：　　　　　　　年　　月　　日		
结论：				
审批单位（盖章）			审批人（签字）	

本表由施工单位填写。

施工组织设计报审表 C2-4

工程名称		编　号	
承包单位		填表日期	

致＿＿＿＿＿＿＿（监理单位）：

　　我方已根据施工合同的有关规定完成了＿＿＿＿＿＿＿＿＿＿工程施工组织设计编制，并经我单位上级技术负责人审查批准，请予以审查。

　　附件：施工组织设计

　　　　　　　　　　承包单位(章)：＿＿＿＿＿＿＿

　　　　　　　　　　项目经理：＿＿＿＿＿＿＿

　　　　　　　　　　日　　期：＿＿＿＿＿＿＿

专业监理工程师审查意见：

　　　　　　　　　　监理单位(章)：＿＿＿＿＿＿＿

　　　　　　　　　　专业监理工程师：＿＿＿＿＿＿＿

　　　　　　　　　　日　　期：＿＿＿＿＿＿＿

总监理工程师审查意见：

　　　　　　　　　　监理单位(章)：＿＿＿＿＿＿＿

　　　　　　　　　　总监理工程师：＿＿＿＿＿＿＿

　　　　　　　　　　日　　期：＿＿＿＿＿＿＿

本表由施工单位填写。

危险性较大分部分项工程施工方案专家论证表 C2 - 5

工程名称		编　号	
		日　期	
施工总承包单位		项目负责人	
专业承包单位		项目负责人	
分项工程名称			

专家一览表

姓名	性别	年龄	工作单位	职务	职称	专业

专家论证意见：

年　　月　　日

签字栏	组长： 专家：

本表由施工单位填写。

施工图设计文件会审记录 C2-6

工程名称		编 号	
图纸会审部位		日 期	

会审中发现的问题：

处理情况：

<table>
<tr><td colspan="6" align="center">参加会审单位及人员</td></tr>
<tr><td>单位名称</td><td>姓名</td><td>职务</td><td>单位名称</td><td>姓名</td><td>职务</td></tr>
<tr><td></td><td></td><td></td><td></td><td></td><td></td></tr>
<tr><td></td><td></td><td></td><td></td><td></td><td></td></tr>
<tr><td></td><td></td><td></td><td></td><td></td><td></td></tr>
<tr><td></td><td></td><td></td><td></td><td></td><td></td></tr>
</table>

填表人：

本表由监理单位填写。

设计交底记录 C2 - 7

工程名称		编　　号	
		日　　期	
分项工程名称		分部工程	

交底内容：

建设单位	设计单位	监理单位	施工单位

本表由设计单位填写。

技术交底记录 C2 – 8

工程名称		编　号	
		日　期	
分项工程名称		分部工程	

交底内容：

交底单位		接收单位	
交底人		接收人	

本表由施工单位填写。

安全交底记录 C2 - 9

工程名称		编　号	
		日　期	
分项工程名称		分部工程	

交底内容(安全措施及注意事项)：

交底单位		接收单位	
交　底　人		接　收　人	

本表由施工单位填写。

工程洽商记录 C2 – 10

工程名称		编　号	
		日　期	
施工单位			

洽商事项：

参加单位及人员	建设单位	设计单位	监理单位	施工单位	
	签字：	签字：	签字：	签字：	
	（盖章）	（盖章）	（盖章）	（盖章）	

本表由施工单位填写。

第三节　施工进度文件用表

工程开工报审表 C3 - 1

工程名称		施工编号	
		监理编号	
		日　期	

致_____（监理单位）：

　　我方承担的_____工程,已完成了以下各项工作,具备了开工条件,特此申请开工,请核查并签发开工指令。

附件:

承包单位(章)：_____

项目经理：_____

日　　期：_____

审查意见:

监理单位(章)：_____

总监理工程师：_____

日　　期：_____

本表由施工单位填写。

工程开工报告 C3-2

工程名称		编 号	
		日 期	
工程地点		工程造价	
建设单位		工程量	
设计单位		工程结构	
监理单位		计划开工日期	
施工单位		计划竣工日期	
准备工作情况	施工单位(章)_____ 年 月 日		
批准机关意见	批准单位(章)_____ 年 月 日		

本表由施工单位填写。

工程复工报审表 C3 – 3

工程名称		施工编号	
		监理编号	
		日　　期	

致_____(监理单位):

　　根据_____号《工程暂停令》,我方已按照要求完成了以下各项工作,具备了复工条件,特此申请,请核查并签发复工指令。

　附件:具备复工条件的说明或证明

承包单位(章):_____

项目经理:_____

日　　期:_____

审查意见:

监理单位(章):_____

专业监理工程师:_____

总监理工程师:_____

日　　期:_____

本表由监理单位填写。

施工进度计划报审表 C3 - 4

工程名称		施工编号	
		监理编号	
		日　期	

致_____(监理单位)：

　　我方已根据施工合同的有关约定完成了_____工程总____年第____季度____月份工程施工进度计划的编制,请予以审查。

附:施工进度计划及说明

承包单位(章)：_____

项目经理：_____

日　期：_____

专业监理工程师审查意见：

专业监理工程师：_____

日　期：_____

总监理工程师审核意见：

监理单位(章)：_____

总监理工程师：_____

日　期：_____

本表由施工单位填写。

____年____月人、机、料动态表 C3 - 6

工程名称			编　号	
			日　期	

致_____(监理单位)：

　　根据_____年____月施工进度情况,我方现报上_____年____月人、机、料统计表。

	工种					合计
劳动力	人数					
	持证人数					
主要机械	机械名称	生产厂家	规格、型号	数量		
主要材料	名称	单位	上月库存量	本月进场量	本月消耗量	本月库存量

附件：

施工单位(章)：_____

项目经理：_____

日　　期：_____

本表由施工单位填写。

工程延期申请表 C3－7

工程名称		编　号	
		日　期	

致_____（监理单位）：

　　根据施工合同____条____款的约定，由于_____的原因，我方申请工程延期，请予以批准。

附件：

1. 工程延期的依据及工期计算

　　合同竣工工期

　　申请延长竣工工期

2. 证明材料

承包单位（章）：_____

项目经理：_____

日　　期：_____

本表由施工单位填写。

工程款支付申请表 C3 - 8

工程名称		编　号	
		日　期	

致_____(监理单位)：

　　我方已完成了_____工作,按照施工合同____条____款的约定,建设单位应在____年____月前支付该项工程款(大写)_____(小写:_____),现报上_____工程付款申请表,请予以审查并开具工程款支付证书。

附件：

1. 工程量清单
2. 计算方法

承包单位(章):_____

项目经理:_____

日　期:_____

本表由施工单位填写。

工程变更费用报审表 C3-9

工程名称		施工编号	
		监理编号	
		日　期	

致＿＿＿＿＿＿＿＿＿（监理单位）：

　　现申报第＿＿＿＿＿号工程变更单，申请费用见附表，请予以审查。

附件：工程变更费用计算书

承包单位（章）：＿＿＿＿＿＿＿

项目经理：＿＿＿＿＿＿＿

日　　期：＿＿＿＿＿＿＿

专业监理工程师审核意见：

专业监理工程师：＿＿＿＿＿＿＿

日　　期：＿＿＿＿＿＿＿

总监理工程师审查意见：

监理单位（章）：＿＿＿＿＿＿＿

总监理工程师：＿＿＿＿＿＿＿

日　　期：＿＿＿＿＿＿＿

本表由施工单位填写。

费用索赔申请表 C3 – 10

工程名称		编　　号	
		日　　期	

致＿＿＿＿＿＿＿＿＿＿＿（监理单位）:

　　根据施工合同＿＿＿条＿＿＿款的约定,由于＿＿＿＿＿＿＿＿＿的原因,我方要求索赔金额(大写)
＿＿＿＿＿＿＿＿ 元,请予以批准。

附件:

1. 索赔的详细理由及经过
2. 索赔金额的计算
3. 证明材料

　　　　　　　　　　　　　　　　　　　　　　　　承包单位(章):＿＿＿＿＿＿＿＿

　　　　　　　　　　　　　　　　　　　　　　　　项目经理:＿＿＿＿＿＿＿＿

　　　　　　　　　　　　　　　　　　　　　　　　日　　　期:＿＿＿＿＿＿＿＿

本表由施工单位填写。

第四节 施工物资文件用表

工程物资选样送审表 C4-1

工程名称		编 号	
		日 期	

致＿＿＿＿＿＿＿（监理单位）：

现报上本工程下列物资选样文件,为满足工程进度要求,请在＿＿＿＿年＿＿月＿＿日之前予以审批。

物资名称	规格型号	生产厂家	拟使用部位

附件：

□生产厂家资质文件 ＿＿页 　　□＿＿＿＿＿＿＿ ＿＿页

□产品性能说明书 ＿＿页 　　□＿＿＿＿＿＿＿ ＿＿页

□质量检验报告 ＿＿页 　　□＿＿＿＿＿＿＿ ＿＿页

□质量保证书 ＿＿页 　　□＿＿＿＿＿＿＿ ＿＿页

承包单位：＿＿＿＿＿＿＿＿

项目经理：＿＿＿＿＿＿＿＿

监理工程师审查意见：

□同意使用 　　　□规格修改后再报 　　　□重新选样

监理单位：＿＿＿＿＿＿＿＿

监理工程师：＿＿＿＿＿＿＿＿

日 期：＿＿＿＿＿＿＿＿

本表由施工单位填写。

主要原材料、构配件出厂证明文件及复试报告目录 C4－2

工程名称				编　号					
				日　期					
施工单位					共　　页　第　　页				
名称	品种	型号（规格）	代表数量	单位	使用部位	出厂证明或出厂试验单编号	进场复试报告编号	见证记录编号	备注
技术负责人				填表人					

本表由施工单位填写。

产品合格证 C4 -3

半成品钢筋出厂合格证 C4 -3 -1

工程名称				编　号			
				出厂日期			
委托单位				合格证编号			
供应总量		t	加工日期	年　月　日	供货日期	年　月　日	
序号	级别规格	供应数量（t）	进货日期	生产厂家	原材报告编号	进场复试报告编号	复试报告编号	使用部位

结论及备注：

技术负责人	填表人	加工单位（盖章）

本表由半成品钢筋供货单位填写。

预拌混凝土出厂合格证 C4 - 3 - 2

工程名称				编　号		
				出厂日期		
订货单位				浇筑部位		
强度等级		抗渗等级		供应数量		m³
供应日期			年 月 日 配合比编号			
原材料名称	水泥	砂	石	掺和料	外加剂	
品种及规格						
试验编号						

每组抗压强度值(MPa)	试验编号	强度值	试验编号	强度值	备注：

每组抗折强度值(MPa)	试验编号	强度值	试验编号	强度值	

抗渗试验	试验编号	强度值	试验编号	强度值	

抗压强度统计结果			结论：
组数 n	平均值(MPa)	最小值(MPa)	

技术负责人	填表人	供货单位
		（盖章）

本表由预拌混凝土供货单位填写。

预制钢筋混凝土梁、板、墩、桩、柱出厂合格证 C4 - 3 - 3

		编　号	
工程名称		出厂日期	
委托单位		构件名称	
构件规格型号		构件编号	
混凝土浇筑日期	年　月　日	养护方法	
混凝土设计强度等级		构件出厂强度	MPa
主筋牌号、种类	直径	mm 试验编号	
预应力筋牌号、种类	标准抗拉强度	MPa 试验编号	
预应力张拉记录编号			
质量情况(外观、结构性能等)：			
结论及备注：			

技术负责人	填表人	企业等级：
		供货单位 (盖章)

本表由供货单位填写。

钢构件出厂合格证 C4 - 3 - 4

工程名称			编 号		
			出厂日期		
委托单位			合格证编号		
供应总量		t	加工日期	年 月 日	
序号	构件名称	构件编号	构件单重（kg）	构件数量	使用部位

附：

1. 焊工资格报审表
2. 焊缝质量综合评级报告
3. 防腐施工质量检查记录
4. 钢材复试报告

结论及备注：

技术负责人	填表人	供货单位（盖章）

本表由钢构件供货单位填写。

石灰粉煤灰砂砾出厂合格证 C4 - 3 - 7

工程名称				编　　号	
				出厂日期	
供货单位				使用单位	
生产日期				出厂数量	
产品规格				工程部位	
混合料配比	材料名称	石灰	粉煤灰	砂砾	7 天抗压强度(MPa)
	设计值				
	实测值				
最佳含水量				出厂含水量	
原材料质量	石灰活性 CaO + MgO 含量		%	试验编号	
	粉煤灰 SiO_2 + Al_2O_3 含量		%	试验编号	
	粉煤灰烧失量		%	试验编号	
	砂砾最大粒径		mm	试验编号	

结论及备注：

技术负责人	填表人	供货单位（盖章）

本表由供货单位填写。

水泥粉煤灰稳定碎石出厂合格证 C4 - 3 - 8

工程名称				编　号	
				出厂日期	
供货单位				使用单位	
生产日期				出厂数量	
产品规格				工程部位	
混合料配比	材料名称	水泥(kg)	粉煤灰(kg)	集料(kg)	7 天抗压强度(MPa)
	设计值				
	实测值				
最佳含水量				出厂含水量	
原材料质量	水泥			试验编号	
	粉煤灰			试验编号	
	集料			试验编号	

结论及备注：

技术负责人		填表人		供货单位（盖章）

本表由供货单位填写。

热拌沥青混合料出厂合格证 C4-3-9

工程名称		编　　号	
		出厂日期	
供货单位		使用单位	
产品名称		工程部位	
产品规格		代表数量	

试验结果：

1. 油石比：

2. 密度：

3. 稳定度：

4. 流值：

5. 级配曲线：

结论及备注：

技术负责人	填表人	供货单位
		（盖章）

本表由供货单位填写。

产品合格证粘贴衬纸 C4 - 3 - 13

工程名称		编　号	
		进场日期	
施工单位		工程部位	
合格证			代表数量
（粘贴处）			
技术负责人		粘贴人	供货单位（盖章）

本表由施工单位填写。

设备、材料进场检验记录 C4 - 4
材料、构配件进场检验记录 C4 - 4 - 1

工程名称					编　号		
					检验日期		
序号	名称	规格 型号	进场 数量	生产厂家	外观检验项目	试件编号	备注
				质量证明书编号	检验结果	复验结果	
1							
2							
3							
4							
5							

检查意见(施工单位):

附件:共____页

验收意见(监理/建设)单位:

　　□同意　　　□重新检验　　　□退场

　　　　　　　　　　　　　　　　　　验收日期:

施　工　单　位		质检员	材料员
监理(建设)单位		专业监理工程师	

本表由施工单位填写。

设备/配(备)件开箱检验记录 C4 - 4 - 2

工程名称		编　号	
		检验日期	
设备名称		规格型号	
生产厂家		产品合格证编号	
总数量		检查数量	
进场检验记录			
包装情况			
随机文件			
配件与备件			
外观情况			
测试情况			

缺损配(备)件明细表

序　号	配(备)件名称	规　格	单　位	数　量	备　注

检查意见(施工单位):

附件:共____页

验收意见(监理/建设单位):

□同意　　　　□重新检验　　　　□退场

验收日期:

供应单位		责任人	
施工单位		专业工长	
监理或建设单位		专业工程师	

本表由施工单位填写。

预制混凝土构件、管材进场抽检记录 C4-4-3

工程名称		编 号	
施工单位		生产日期	
构件名称		抽检日期	
规格型号		出厂日期	
设计强度等级		代表数量	
合格证号		抽检数量	
检验项目	标准要求	检查结果	
外观检查			
外形尺寸量测			
结构性能			

结论:按＿＿＿＿＿＿＿＿＿＿标准评定

　　　　　　□ 合 格
　　　　　　□ 不合格

建设单位	监理单位	供应单位	施工单位	
			质检员	材料员

本表由施工单位填写。

材料进场复试报告 C4 - 5
有见证试验汇总表 C4 - 5 - 1

工程名称		编 号	
		填表日期	
建设单位		检测单位	
监理单位		见证人员	
施工单位		取样人员	
试验项目	应试验组/次数	见证试验组/次数	不合格组数	备 注
技术负责人		制表人 （签字）	

本表由施工单位填写。

见证记录 C4 – 5 – 2

工程名称		编　号	
样品名称	试件编号		取样数量
取样部位/地点		取样日期	
见证取样说明			
见证取样和送检印章			
取样人员		见证人员	

本表由监理(建设)单位填写。

第五节　施工测量检测记录

导线点复测记录 C5 – 1

工程名称			施工单位		复测部位		编号		
							日期		
测点	测角 (° ′ ″)	方位角 (° ′ ″)	距离 (m)	纵坐标增量 ΔX(m)	横坐标增量 ΔY(m)		纵坐标 X (m)	横坐标 Y (m)	备注

计算(另附简图)：　　　　　　　结论：

　1. 角度闭合差：　　$f_测 =$　　　　$f_容 =$

　2. 坐标增量闭合差：　$f_x =$　　　　$f_y =$

　3. 导线相对闭合差：　$f =$　　　　　$K =$

观测人		复测人		计算		施工项目技术负责人	

本表由施工单位填写。

水准点复测记录 C5 - 2

工程名称				编 号	
				日 期	
施工单位				复测部位	

测点	后视 (1)	前视 (2)	高差		高程(m) (4)	备注
			+ (3) = (1) - (2)	- (3) = (1) - (2)		

计算:

实测闭合差 = 　　　　　　　　　　　　　　容许闭合差 =

结论:

观测人		复测人	
计算人		施工项目技术负责人	

本表由施工单位填写。

定位测量记录 C5 - 3

工程名称		编　号	
		图纸编号	
施工单位		施测日期	
复测日期		坐标依据	
高程依据		使用仪器	
允许误差		仪器校验日期	

定位施测示意图及简要说明：

复测结果：

施工单位		测量人员 岗位证书号		专业技术 负责人	
施工测量 负责人		复测人		施测人	
监理或建设单位				专业工程师	

本表由施工单位填写。

测量复核记录 C5 – 4

工程名称		编　　号	
施工单位		图纸编号	
复核日期		复核部位	
使用仪器		仪器校验日期	
原施测人		测量复测人	

测量复核情况（示意图）	

复核结论	

建设单位	监理单位	施工单位	
		技术负责人	测量负责人

本表由施工单位填写。

水准测量成果表 C5 – 5

工程名称		编 号	
图纸依据		日 期	
使用仪器		里程桩号	
塔 尺		仪器校验日期	
施测部位		依据点及高程	
原始资料载于		气 候	

测点	实测高程	设计高程	自检误差	测点	实测高程	设计高程	自检误差

草图：

施工单位		观测者	
		复核人	
		测量负责人	
监理单位		专业工程师	

本表由施工单位填写。

沉降观测记录 C5－6

工程名称		编 号	
		填表日期	

施工单位		观测点布置简图
水准点编号		
水准点所在位置		
水准点高程(m)		

观测日期：

　　　　自　　　年　　　月　　　日起
　　　　至　　　年　　　月　　　日止

观测点	观测时间			实测标高 （m）	本期沉降量 （mm）	总沉降量 （mm）	说明
	月	日	时				

施工项目技术负责人		计算人		测量员	

本表由施工单位填写。

第八章 施工记录

第一节 施工通用记录 C6-1

隐蔽工程检查记录 C6-1-1

工程名称		编 号	
施工单位		隐检日期	
隐检项目		隐检部位	

隐检依据:施工图号_____,设计变更/洽商/技术核定单(编号_____)及有关国家现行标准等。

主要材料名称及规格/型号:_____

隐检内容:

检查结论:
　　□同意隐蔽 　　□不同意隐蔽,修改后复查

复查结论:

复查人: 　　　　复查日期:

建设单位	监理单位	施工单位		
		施工项目技术负责人	质检员	施工员

本表由施工单位填写。

预检工程检查记录 C6 - 1 - 2

工程名称		编　号	
		检查日期	
检查部位		检查项目	

检查依据：

检查内容：

检查结论：

复查结论：

复查人：　　　　　　　　　　　复查日期：

建设单位	监理单位	施工单位		
		施工项目 技术负责人	质检员	施工员

本表由施工单位填写。

交接检查记录 C6 – 1 – 3

工程名称		编　号	
		检查日期	
移交单位		见证单位	
交接部位		接收单位	

交接内容：

检查结论：

复查结论(由接收单位填写)：

复查人：　　　　　　　　　复查日期：

见证单位意见：

移交单位	接收单位	见证单位	

本表由施工单位填写。

第二节 基础/主体结构工程通用施工记录 C6-2

地基处理记录 C6-2-1

工程名称		编　号	
		日　期	
施工单位			
处理依据			

处理部位(或简图):

处理过程简述:

检查意见:

建设单位	监理单位	勘察单位	设计单位	施工单位

本表由施工单位填写。

地基钎探记录 C6 – 2 – 2

工程名称			编 号		
施工单位			工程数量		
检验部位			钎探日期	年 月 日	
套锤重	kg	自由落距	cm	钎径	mm

桩号或井号	点号	锤击数					应检点	实检点
		0～30（cm）	30～60（cm）	60～90（cm）	90～120（cm）	120～150（cm）		
地基高程(m)								
示意图（可另附图）								

监理工程师	施工项目技术负责人	施工员	质检员

本表由施工单位填写。

沉井工程施工记录 C6 - 2 - 3

工程名称			编 号	
施工单位				
沉井尺寸 （cm）			预制日期	
下沉前混凝土 强度（MPa）			设计刃脚 标高（m）	

	年		测点 编号	测点 标高 （m）	推算刃 脚标高 （m）	高差		位移		地质 情况	水位 标高 （m）	停歇 原因 及时间
	月	日				横向 （mm）	纵向 （mm）	横向 （cm）	纵向 （cm）			
下沉 记录												
封底 记录												

建设单位	监理单位	施工单位		
		技术负责人	施工员	质检员

本表由施工单位填写。

打桩施工记录 C6 - 2 - 4

工程名称		编　号	
施工单位		日　期	
桩　号		桩基型号	
接桩型式		设计桩尖标高(m)	
桩锤质量(t)		停打桩尖标高(m)	
最后 50 cm 贯入度(cm/次)		桩断面尺寸及长度(cm)	

桩号	桩位	每阵锤击次数	每阵打入深度(cm)	每阵平均贯入度(cm/次)	累计贯入度(cm)	累计次数	最后50 cm锤击次数	最后50 cm平均贯入度(cm/次)	每根桩打桩时间(min)
施工项目技术负责人					记录人				

本表由施工单位填写并保存。

桩基施工记录 C6 – 2 – 5

工程名称				编 号	
施工单位				记录日期	
桩基类型		孔位编号		轴线位置	
设计桩径	mm	设计桩长	mm	桩顶标高	
钻机类型		护壁方式		泥浆比重	
开钻时间		年 月 日 时	终孔时间		年 月 日 时
钢筋笼	笼 长		主 筋		mm
	下笼时间		箍 筋		mm
孔深计算	钻台标高		浇筑前孔深		实际桩长
	终孔深度		沉渣厚度		
混凝土设计强度等级			坍落度		
混凝土理论浇筑量			实际浇筑量		

施工问题记录:

建设单位	监理单位	施工单位		
		技术负责人	施工员	质检员

本表由施工单位填写。

钻孔桩钻进记录(冲击钻) C6－2－6

工程名称		施工单位		编　号	
墩(台)号		桩位编号		设计桩尖标高(m)	备注
护筒长度(m)		护筒顶标高(m)	桩径(m)	地面标高(m)	钻头型式
			护筒埋置深度(m)	钻头直径(mm)	钻头质量(kg)

时间						工作内容	冲程(m)	冲击次数(次/分)	钻进深度(m)		孔位偏差(mm)				孔底标高(m)	孔内水位(m)
年	月	日	起	止	共计(小时)				本次	累计	东	西	南	北		
			时 分	时 分												

钻孔中出现的问题及处理方法

工序负责人	施工项目技术负责人	记录人

本表由施工单位填写。

钻孔桩钻进记录（旋转钻）C6-2-7

施工单位		编　号		记录日期	
工程名称		墩（台）号		桩位编号	
地面标高（m）		护筒顶标高（m）		护筒埋深（m）	
	孔外水位高（m）		护筒底标高（m）		设计桩尖标高（m）
钻机类型及编号		钻头类型及编号		桩径（m）	

时间					工作内容	钻进深度（m）					孔底标高（m）	孔斜度	孔位偏差（mm）				地质情况	泥浆				其他
年	起		止			钻杆长度	起钻读数	停钻读数	本次进尺	累计进尺			东	西	南	北		密度		黏度		
月	时	分	时	分	共计（小时）													进	出	进	出	
日																						

钻孔中出现的问题及处理方法：

施工项目技术负责人	工序负责人	记录人

本表由施工单位填写。

钻孔桩成孔质量检查记录 C6 – 2 – 8

工程名称			编 号			
施工单位			日 期			
墩(台)号		桩编号		孔垂直度		
护筒顶标高(m)		设计孔底标高(m)		孔位偏差(mm)		
设计直径(m)		成孔孔底标高(m)		东　　西　　南　　北		
成孔直径(m)		灌注前孔底标高(m)				
钻孔中出现的问题及处理方法						
钢筋骨架	骨架总长(m)		骨架底面标高(m)			
	骨架每节长(m)		连接方法			
检查意见						
施工项目技术负责人		质检员		监理工程师		

本表由施工单位填写。

钻孔桩水下混凝土灌注记录 C6－2－9

工程名称				施工单位			
墩(台)编号				桩编号		编 号	
灌注前孔底标高(m)				护筒顶标高(m)		桩设计直径(m)	设计桩底标高(m)
计算混凝土方量(m³)				混凝土强度等级(MPa)		钢筋骨架底标高(m)	
水泥	品种			等级			
坍落度(cm)							

时间	护筒顶至混凝土面深度(m)	护筒顶至导管下口深度(m)	导管拆除数量		实灌混凝土数量(m³)		钢筋位置情况、孔内情况、停灌原因、停灌时间、事故原因和处理情况等重要记录
			节数	长度(m)	本次数量(m³)	累计数量(m³)	

施工项目技术负责人	施工员	记录人	监理工程师	日 期

本表由施工单位填写。

沉入桩检查记录 C6 - 2 - 10

工程名称					编　号		
施工单位					日　期		
桩位及编号					桩　长		
断面形式					断面规格		
材料种类					混凝土强度等级		
打桩锤类型			冲击部分质量		t	桩帽及送锤质量	t
桩尖设计标高			停打桩尖标高			设计要求贯入度	cm/10 击

日期	起止时间	锤击次数	下沉量			累计标高（m）	打桩过程情况记载
			本次下沉	平均每锤下沉	累计下沉		

桩位平面示意图：

建设单位	监理单位	施工单位		
		技术负责人	施工员	记录人

本表由施工单位填写。

预应力筋张拉数据记录 C6－2－11

工程名称		施工单位		编号		制表日期	

部位	预应力钢筋编号	预应力钢筋种类	规格			张拉方式	抗拉标准强度(MPa)	控制张拉应力(MPa)	超张拉控制应力(MPa)	控制张拉力(kN)	超张拉力(kN)	张拉初始力(kN)	孔道累计转角 θ(rad)	孔道长度 X(m)	钢材弹性模量 E	孔道摩擦系数 μ	孔道偏差系数 K	计算伸长值 ΔL(cm)
			直径(mm)	根数	截面面积(mm²)													

施工项目技术负责人		填表人	

本表由施工单位填写。

预应力筋张拉记录（一）C6-2-12

工程名称		结构部位		施工单位		编号	
构件编号		张拉方式		张拉日期		年 月 日	
预应力钢筋种类		规格		标准抗拉强度（MPa）		张拉时混凝土强度（MPa）	
张拉机具设备编号	千斤顶 A端		B端	油泵 压力表			
初始应力（MPa）		控制应力（MPa）		超张拉控制应力（MPa）		断、滑、绝情况	

预应力钢筋编号	预应力钢筋束长（m）	张拉初始力（kN）	初应力阶段油表读数 A端	初应力阶段油表读数 B端	控制张拉力（kN）	控制应力阶段油表读数 A端	控制应力阶段油表读数 B端	超张拉控制张拉力（kN）	超张拉控制阶段油表读数 A端	超张拉控制阶段油表读数 B端	实测伸长值（mm）	计算伸长值（mm）	伸长值偏差（%）

计算伸长值（mm） 理论伸长值（mm）

监理工程师	施工项目技术负责人	复核人	记录人

本表由施工单位填写。

预应力筋张拉记录(二)C6－2－13

工程名称			施工单位		编　号		
构件编号		预应力束编号			张拉日期		
预应力钢筋种类		规格		标准抗拉强度 (MPa)		混凝土强度 (MPa)	
张拉控制应力 $\sigma_k =$			$f_{ptk} =$		MPa	张拉混凝土 构件龄期(d)	
张拉机具 设备编号	A端		千斤顶		油泵	压力表	
	B端						
应力值(MPa)		初始应 力阶段		控制应 力阶段		超张拉 应力阶段	
张拉力(kN)							
压力表 读数(MPa)	A端						
	B端						
理论伸长值(cm)			计算伸长值(cm)		顶楔时压力表理论读数(MPa)		
实 测 伸 长 值							

阶段	A端			B端		
	活塞伸出量 (mm)	夹片外露 (mm)	油表读数 (MPa)	活塞伸出量 (mm)	夹片外露 (mm)	油表读数 (MPa)
初始应力阶段 σ_0						
相邻级别阶段 $2\sigma_0$						
倒　顶						
二次张拉						
控制应力阶段						
超张拉应力阶段						
伸出量差值(mm)	$\Delta L_A =$	$\Delta \lambda_A =$		$\Delta L_B =$	$\Delta \lambda_B =$	
顶楔时压力表 读数	A端		B端	实测伸长值 (mm)	$\sum \Delta =$	
张拉应力偏差(%)				伸长值偏差(mm)		
滑丝、断丝情况						
监理工程师	施工项目技术负责人		复核人		记录人	

本表由施工单位填写。

预应力张拉记录(后张法一端张拉)C6 - 2 - 14

工程名称			编　号	
施工单位			张拉日期	
张拉端断面号	张拉端锚固型式	拉伸机编号	标定日期	
锚固端断面号	锚固端锚固型式	油压表编号	标定资料编号	
钢丝(束)强度	超张拉百分率（%）	实际延伸量（mm）	超张拉油表读数	
钢丝束规格	设计控制应力（MPa）	理论延伸量（mm）	安装时油表读数	
限位块凹槽深（mm）	张拉时混凝土强度	理论伸长值（mm）	计算伸长值（mm）	

钢丝束编号	初读数 MPa/mm	二倍初读数 MPa/mm	超张拉读数 MPa/mm	持续时间	安装读数 MPa/mm	回缩量（mm）	断丝滑丝情况	墩头检查情况	备注

编号示意图：

监理工程师	施工项目技术负责人	复核人	记录人

本表由施工单位填写。

预应力张拉记录(后张法两端张拉)C6－2－15

工程名称				施工单位					编 号		
构件名称			张拉时混凝土强度(MPa)					张拉日期	年 月 日		

千斤顶编号	标定日期	标定资料编号	油压表编号	理论读数				计算伸长值(mm)	理论伸长值(mm)
				初应力油表读数(MPa)	超张拉油表读数(MPa)	安装时油表读数(MPa)	顶塞时油表读数(MPa)		

钢束编号	束数	张拉断面编号	千斤顶编号	记录项目	张拉						实测总伸长值(mm)	伸长值偏差(%)	滑丝、断丝情况	处理情况
					初读数(MPa)	_%控制张拉力时读数	100%控制张拉力时读数	_%超张拉力时读数	回油时回缩量(mm)	安装应力(MPa)				
				油表读数(MPa)										
				尺读数(mm)										
				油表读数(MPa)										
				尺读数(mm)										
				油表读数(MPa)										
				尺读数(mm)										
				油表读数(MPa)										
				尺读数(mm)										
				油表读数(MPa)										
				尺读数(mm)										
				油表读数(MPa)										
				尺读数(mm)										
				油表读数(MPa)										
				尺读数(mm)										
				油表读数(MPa)										
				尺读数(mm)										

张拉部位及直弯束示意图：

监理工程师	施工项目技术负责人	施工员	记录人

本表由施工单位填写。

预应力张拉孔道压浆记录 C6-2-16

工程名称						编　号		
施工单位						部位(构件)编号		

孔道编号	起止时间	压强(MPa)	水泥品种及等级	水灰比	冒浆情况	水泥浆用量(kg)	气温(℃) / 净浆温度(℃)	28天水泥浆试件强度(MPa)
示意图								
监理工程师		施工项目技术负责人			施工员		记录人	

本表由施工单位填写。

构件吊装施工记录 C6－2－17

工程名称					编　号			
施工单位								
吊装单位					吊装日期			
吊装机具					吊装时天气			
构件型号名　称	安装位置	安装标高	就位情况	固定方法	接缝处理	安装偏差	质量情况	
施工项目技术负责人			施工员			填表人		

本表由施工单位填写。

预制安装水池壁板缠绕钢丝应力测定记录 C6 − 2 − 18

工程名称				编　号			
施工单位				日　期			
构筑物名称				构筑物外径(m)			
锚固肋数				钢筋环数			
钢筋直径(mm)				每段钢筋长度(m)			
日　期 年　月　日	环号	肋号	设计应力 （MPa）	平均应力 （MPa）	应力损失 （MPa）	应力损失率 （％）	备注
施工项目技术负责人				记录人			

本表由施工单位填写。

防水工程施工记录 C6 - 2 - 19

工程名称		编 号	
施工单位		日 期	
施工部位			
防水层完成数量	m² 天气情况	气温	℃
防水材料品种及产地		试验编号	
缓冲层品种及产地		试验编号	
开始时间	年 月 日 时 完成时间		年 月 日 时
防水层接缝检查情况 、防水层施工及成品保护情况			
施工负责人		填表人	
备注	防水层每施工一层,记录一张		

本表由施工单位填写。

混凝土浇筑记录 C6 - 2 - 20

施工单位					编　号		
工程名称					浇筑部位		
浇筑日期			天气情况			室外气温(℃)	
设计强度等级(MPa)				钢筋模板验收负责人			
混凝土拌制方法	商品混凝土		供料厂名			合同号	
			供料强度等级(MPa)			试验单编号	
	现场拌和		配合比通知单编号				
		混凝土配合比	材料名称	规格产地	每立方米用量(kg)	每盘用量(kg)	材料含水质量(kg)	实际每盘用量(kg)
			水泥				/	
			卵(碎)石					
			砂					
			水				/	
			掺和料				/	
			外加剂				/	
实测坍落度(cm)			出盘温度(℃)			入模温度(℃)	
混凝土完成数量(m³)				完成时间			
试块留置	数量(组)			编号			
标养							
有见证							
同条件							
混凝土浇筑中出现的问题及处理方法							
施工技术负责人			施工员			填表人	

注:本记录每浇筑一次混凝土,记录一张。

本表由施工单位填写。

混凝土测温记录 C6 - 2 - 21

施工单位					编　号			
工程名称				工程部位				
混凝土浇筑日期		混凝土入模温度（℃）			混凝土浇筑时大气温度（℃）			
混凝土养护方法								

测温记录

测温日期	测温时间（时:分）	测温孔温度(℃)											大气温度（℃）
		1	2	3	4	5	6	7	8	9	10	11	
测温孔布置图													
施工项目技术负责人			施工员			测温人			

本表由施工单位填写。

冬施混凝土搅拌测温记录 C6－2－22

施工单位							编　号	
工程名称		部　　位					搅拌方式	
混凝土强度等级（MPa）		坍落度（cm）			水泥品种强度等级			MPa
配合比（水泥:砂:石:水）					外加剂名称及掺量			kg

测温时间				大气温度（℃）	原材料温度（℃）				出罐温度（℃）	入模温度（℃）	备注
年	月	日	时		水泥	砂	石	水			

施工项目技术负责人	施工员	测温人

本表由施工单位填写。

冬施混凝土养护测温记录 C6－2－23

施工单位										编 号		
工程名称												
部 位			养护方法									
测温时间		大气温度（℃）	各测孔温度（℃）							平均温度（℃）	间隔时间	成熟度（M）
月	日 时		#	#	#	#	#	#	#			本次	累计
施工项目技术负责人			施工员							测温人		

本表由施工单位填写。

沥青混合料到场及摊铺测温记录 C6 – 2 – 24

工程名称					编　号		
施工单位					部　位		
日　期	到场时间（时:分）	沥青混合料生产厂家	运料车号	混合料规格	到场温度（℃）	摊铺温度（℃）	备　注
施工员				测温人			

本表由施工单位填写。

沥青混合料碾压温度检测记录 C6 - 2 - 25

工程名称				编　号			
施工单位				部　位			

年 月　日 时　分	沥青混合料 生产厂家	碾压段落 （桩号）	幅面及 结构层	初压 （℃）	复压 （℃）	终压 （℃）	备　注
施工员				测温人			

本表由施工单位填写。

箱涵顶进施工记录 C6 - 2 - 26

工程名称				施工单位						编号	
箱体质量(kg)				顶进方式				箱涵断面		m ×	m
设计最大顶力(kN)					最大顶力(kN)						

年			进尺 (cm)	高程(m)						中线		顶力 (kN)	土质 情况	备 注
月	日	时间		前		中		后		左	右			
				设 计	实 际	设 计	实 际	设 计	实 际					
施工项目技术负责人								记录人						

注:1. 每测一次记录一行,各栏均需认真填写。

　　2. 备注栏内可填写纠偏情况。

本表由施工单位填写。

第三节 管(隧)道工程施工记录 C6 -3

焊工资格备案表 C6 -3 -1

工程名称		编 号	
施工单位		填表日期	

致_____监理(建设)单位:

我单位经审查,下列焊工符合本工程的焊接资格条件,请查收备案。

序号	焊工姓名	焊工证书编号	焊工代号	考试合格项目代号	考试日期	备注
施工单位部门负责人		项目经理		填表人		

本表由施工单位填写。

焊缝综合质量评价汇总表 C6 - 3 - 2

施工单位				编　号		
工程名称				填表日期		
工程部位(桩号)				要求焊缝等级		
序号	焊缝编号	焊工代号	焊接日期	外观质量	内部质量等级	焊缝质量综合评价	备注

序号	焊缝编号	焊工代号	焊接日期	外观质量	射线	超声	焊缝质量综合评价	备注

施工项目技术负责人			填表人		

本表由施工单位填写。

焊缝排位记录及示意图 C6 – 3 – 3

施工单位		编　号	
工程名称		绘图日期	
施工桩号			

示意图:应表示出桩号(部位)、焊缝相对位置及焊缝编号

焊缝编号	桩号	焊工代号	备注	焊缝编号	桩号	焊工代号	备注

施工项目技术负责人		施工员		绘图人	

本表由施工单位填写。

聚乙烯管道连接记录 C6 - 3 - 4

工程名称						工程编号					
施工单位						单位代码					
连接方法						接口形式					
管道材质		管道生产厂家				标准尺寸比(SDR)					
机具编号		施工部位(桩号)									
焊口编号	焊工证号	连接时间（月/日）	规格(De)	环境温度(℃)	热板温度(℃)	压力(bar)				焊环尺寸(mm)	备注
						P_0	P_1	P_2	P_3	宽　高	

管材、管件检查情况：

外观：　　　　　　　　　　　　　圆度：

施工项目技术负责人		质检员		填表人	

本表由施工单位填写。

聚乙烯管道焊接工作汇总表 C6 – 3 – 5

工程名称		工程编号	
施工单位		单位代码	
施工日期	年 月 日起,至 年 月 日止		

一、工程概况

管线总长		m	压力等级		宏观照片数	
焊口总数	个(其中:电熔焊口数 个,热熔焊口数 个)					

二、操作人员情况

姓 名					
焊工证号					

三、施工机具

机具编号					
品 牌					
规 格					
校验证书编号					

四、管材情况

规格(De)		管道材质		存放时间	个月	标准尺寸比	

五、管件情况

管件名称	电熔管件	钢塑接头	弯头	端帽	阀门		
规格(De)							
数 量							
存放时间(月)							

其他说明:

建设单位	监理单位	施工单位	
		施工项目技术负责人	填表人

本表由施工单位填写。

钢管变形检查记录 C6 - 3 - 6

工程名称			编　号		
施工单位			日　期		
测点位置	公称直径(mm)	标准内径 Di	实际竖向内径 D	竖向变形值(%)	备注

建设单位	监理单位	施工单位	
		施工项目技术负责人	填表人

本表由施工单位填写。

管架(固、支、吊、滑等)安装调整记录 C6 - 3 - 7

工程名称				编 号	
施工单位				调整日期	
工程部位					
管架编号	型式	安装位置	固定状况	调整值	备注

建设单位	监理单位	施工单位	
		施工项目技术负责人	填表人

本表由施工单位填写。

补偿器安装记录 C6 – 3 – 8

工程名称		编　号	
施工单位		记录日期	
设计压力(MPa)		补偿器安装位置	
补偿器规格型号		补偿器材质	
固定支架间距(m)		设计温度(℃)	
设计预拉值(mm)		实际预拉值(mm)	

补偿器安装及预拉示意图与说明

检查结果	

建设单位	监理单位	施工单位		
		施工项目技术负责人	质检员	施工员

本表由施工单位填写。

补偿器冷拉记录 C6－3－9

施工单位		编　号	
工程名称		日　期	
单项工程名称			
补偿器编号		补偿器所在图号	
管段长度(m)		直　径(mm)	
设计冷拉值(mm)		实际冷拉值(mm)	
冷拉日期		冷拉时气温(℃)	

冷拉示意图

备注				
参加单位及人员签字	建设单位	监理单位	设计单位	施工单位

本表由施工单位填写。

防腐层施工质量检查记录 C6 - 3 - 10

工程名称		编　号	
施工单位		检查日期	年　月　日
起止桩号 设备名称		防腐面积(m²)	
防腐材料		防腐等级	
执行标准		管道(设备) 规格(mm)	
设计最小厚度 （mm）		设计绝缘电压 （kV）	
检查情况	厚度检查(最小值)：		检查人：
	电绝缘性检查：		检查人：
	外观检查：		检查人：
	黏结力检查：		检查人：
综合结论(建设或监理)：			
建设单位	监理单位	设计单位	施工单位	施工项目 技术负责人	

本表由施工单位填写。

牺牲阳极埋设记录 C6 - 3 - 11

工程名称				编　号		
施工单位				日　期		
安装单位						

序号	埋设位置 （桩号）	阳极类型	规格	数量	埋设日期	阳极开路 电　位 （ - V)	备注

施工项目技术负责人		施工员			质检员	

本表由施工单位填写。

顶管工程顶进记录　C6－3－12

工程名称　　　　　　施工单位　　　　　　编号　　　　　

顶进方向　自　　　井　至　　　井　　顶管工作坑位置（桩号）　　　　　接口形式　　　　　

时间		土质情况	顶进长度(m)		管径(mm)	测量记录				高程偏差		中心偏差		管土前长掏度(cm)	表压(MPa)	最大施工顶力(kN)	备注
月	日		本次	累计	坡度	高程增减(±)	后视读数	前视应读数	前视管端实读数	高(+)	低(-)	左	右				
1	2	3	4	5	6	7	8	9＝7+8	10	11	12	13	14	15	16	17	18

施工项目技术负责人　　　　　施工员　　　　　质检员　　　　　交班　　　　　接班　　　　　

注：1. 表中7～14栏单位为毫米。2. 表中5×6＝7向下游坡度记（+），向上游坡度记（-）。在工作坑内要有一个固定坡度起点。3. 后视坑内水准点的高程一般应为坡度起点的管内底设计标高。4.（9－10）若得正值记入11，（9－10）若得负值记入12。5. 每测一次记录一行，各栏均需认真填写。6. 备注栏内可填写纠偏情况。

本表由施工单位填写。

浅埋暗挖法施工检查记录 C6 – 3 – 13

工程名称			编　号	
施工单位			检查日期	
施工部位				
防水层做法			二衬做法	
检查项目	检查内容及要求		允许偏差	检查结果
结构尺寸	宽度			
	拱度			
	高度			
	接茬平整度			
	垂直度			
	内壁平整度			
	中线左右偏差			
	高程偏差			
混凝土强度	是否符合设计要求(抗压、抗折、抗渗)			
外观质量	内表面光滑、密实,止水带位置准确,防水层不渗不漏			

综合结论:

□合　格
□不合格

建设单位	监理单位	施工单位		
		技术负责人	施工员	质检员

本表由施工单位填写。

盾构法施工记录 C6 – 3 – 14

工程名称		编　　号	
施工单位		日　　期	
施工部位(桩号)		地质状况	
盾构型号		管片合格证编号	
注浆设备		注浆材料	

日期	班次	环号	中心线水平位移（mm）		管底高程		圆环垂直变形	环向错台（≤_mm）	管片间错台（≤_mm）	备　注
			偏左	偏右	（ + ）	（ - ）	（<_%D）			
施工项目技术负责人				质检员				测量人		

本表由施工单位填写。

盾构管片拼装记录 C6 - 3 - 15

工程名称			编 号	
施工单位			拼装日期	
盾构机械类型		设计每环长 （mm）		管片设计每环
管片环号及 管片类型			循环节 起止桩号	

管片拼装			上	下	左	右
管片拼装	盾尾间隙(mm)	拼装前				
管片拼装	盾尾间隙(mm)	拼装后				
管片拼装	相邻管片错台(mm)	环向				
管片拼装	相邻管片错台(mm)	纵向				
管片拼装	螺栓连接数量(个)	设计				
管片拼装	螺栓连接数量(个)	实际				
管片拼装	管片转动量(mm)					

备注	

技术负责人		质检员		测量人	

本表由施工单位填写。

小导管施工记录 C6 - 3 - 16

工程名称				编　号			
施工单位				日　期			
工程部位				钢管规格			

序号	桩号	位置	长度(m)	直径(mm)	角度(°)	间距(m)	根数	压力(MPa)	注浆量(L)	施工班次

草图：

施工项目技术负责人		质检员		测量人	

本表由施工单位填写。

大管棚施工记录 C6 – 3 – 17

工程名称			编　　号	
施工单位			施工日期	
施工部位				
钢管规格			起止桩号	

钻孔数	钻孔角度	钻孔深度	钻孔间距	总进尺	开钻时间	结束时间	钻孔口径	钻机型号

编号	情况	长度(m)	编号	情况	长度(m)

草图:

建设单位	监理单位	施工单位		
		技术负责人	施工员	质检员

本表由施工单位填写。

隧道支护施工记录 C6－3－18

工程名称						编　号			
施工单位						施工日期			
序号	桩号	施工部位	围岩状况	格栅间距（mm）	中线偏差（mm）	高程偏差（mm）	格栅连接状况	喷混凝土厚度（mm）	混凝土强度等级	班次

建设单位	监理单位	施工单位	
		施工项目技术负责人	施工员	质检员

本表由施工单位填写。

注浆检查记录 C6 – 3 – 19

工程名称				编　号	
施工单位				施工日期	
注浆材料				注浆设备型号	
注浆位置（桩号）	注浆日期	注浆压力（MPa）	注入材料量（kg）	饱满情况	备注

其他说明：

建设单位	监理单位	施工单位		
		技术负责人	施工员	质检员

本表由施工单位填写。

第四节 厂(场)站工程施工记录 C6-4

设备基础检查验收记录 C6-4-1

工程名称			编　号		
基础施工单位			验收日期		
设备安装单位			设备位号		
检查项目			设计要求（mm）	允许偏差（mm）	实测偏差（mm）
1	混凝土强度（MPa）				
2	外观检查（表面平整度、裂缝、孔洞、蜂窝、麻面、露筋）				
3	基础位置（纵、横轴线）				
4	基础顶面高程				
5	外形尺寸：基础上平面外形尺寸 凸台上平面外形尺寸 凹穴尺寸				
6	基础上平面的水平度 （包括地坪上需安装设备的部分）：每米 全长				
7	垂直度				
8	预埋地脚螺栓：标高（顶端） 中心距（在根部和顶部处测量）				
9	预埋地脚螺栓孔：中心位置 深度 孔壁的铅垂度（全深）				
10	预埋活动地脚螺栓锚板：标高 中心位置 水平度（带槽的锚板）（每米） 水平度（带螺纹孔的锚板）（每米）				
11	锅炉	相应两柱子定位中心线的间距			
12		各组对称四根柱子定位中心点的两对角线长度之差			
说明：			附基础示意图：		

结论：　　　□合　格　　　　　　□不合格

建设单位	监理单位	基础施工单位		设备安装单位	
		施工负责人	质检员	施工负责人	质检员

本表由施工单位填写。

钢制平台/钢架制作安装检查记录 C6 - 4 - 2

工程名称				编　号	
施工单位				检查日期	
安装位置				图号	

主要检查项目		主要技术要求	检查结果
立柱	底座与柱基中心线偏差		
	垂直度偏差		
	弯曲度偏差		
立柱对角线偏差			
平台标高偏差			
栏杆	水平度偏差		
	立柱垂直度偏差		
	外观		
梯子踏步间距偏差			
平台边缘围板			
钢结构件焊接质量			

有关说明：

综合结论：
□合　格
□不合格

建设单位	监理单位	施工单位		
		技术负责人	施工员	质检员

本表由施工单位填写。

设备安装检查记录(通用)C6-4-3

工程名称			编 号	
施工单位			检查日期	
安装部位				
设备名称			设备位号	
规格型号			执行标准	
主要检查项目		设计要求(mm)	允许偏差(mm)	实测偏差(mm)
标高				
中心线位置	纵向			
	横向			
垂直度(mm/m)				
水平度	纵向			
	横向			
设备固定	固定方式			
	设备垫铁安装			

说明:

综合结论:
　　□合　格
　　□不合格

建设单位	监理单位	施工单位		
		技术负责人	施工员	质检员

本表由施工单位填写。

设备联轴器对中检查记录 C6－4－4

工程名称		编 号	
施工单位		检查日期	
安装部位			
设备名称		设备位号	
规格型号		执行标准	

设备联轴器布置示意图

径向					轴向					端面间隙	
径向位移允许值（mm）	实测值（mm）				轴向倾斜允许值（mm）	实测值（mm）				允许值（mm）	实测值（mm）
	a_1	a_2	a_3	a_4		b_1	b_2	b_3	b_4		

说明：

综合结论：
　　□合　格
　　□不合格

技术负责人	施工员	质检员

本表由施工单位填写。

容器安装检查记录 C6 – 4 – 5

工程名称			编　号	
施工单位			检查日期	
容器名称			位　号	
规格型号				

主要检查项目		主要技术要求	检查结果
基础检查	带腿容器	表面平整、无裂纹和疏松	
	平底容器	砂浆找平、符合设计要求	
严密性试验	压力容器	符合"容规"等规定要求	
	压力水箱	无渗漏(1.25P　10 min)	
	无压水箱	无渗漏(灌水 24 h)	
箱、罐安装	标高偏差	±10 mm	
	中心线偏差	≤10 mm	
	垂直度偏差	≤2 mm/m	
	水平度偏差	≤2 mm/m	
	接口方向	符合图纸要求	
	液压计、温度计	零件齐全、无渗漏	
	压力表	安装齐全、在有效期内	
	安全泄放装置(无压罐不得安装)	已校验、铅封齐全	
	水位调节装置	动作灵活、无渗漏	
	取样管	畅通、位置准确	
	内部防腐层	完整、符合设计要求	
	二次灌浆	符合图纸及标准要求	

说明：

综合结论：
　　□合　格
　　□不合格

建设单位	监理单位	施工单位		
		技术负责人	施工员	质检员

本表由施工单位填写。

安全附件安装检查记录 C6-4-6

工程名称			编　号	
施工单位			检查日期	
设备/系统名称			设备规格型号	
设备所在系统			工作介质	
设计(额定)压力		MPa	最大工作压力	MPa
检查项目			检查结果	
压力表	量程及精度等级		MPa；　　　级	
	校验日期		年　月　日	数量　　　块
	外观检查		□合　格	□不合格
	在最大工作压力处应划红线		□已　划	□未　划
	旋塞或针型阀是否灵活		□灵　活	□不灵活
	蒸汽压力表管是否设存水弯管		□已　设	□未　设
	铅封是否完好		□完　好	□不完好
安全阀	开启压力范围		MPa	
	校验日期		年　月　日	数量　　　个
	铅封是否完好		□完　好	□不完好
	安全阀排放管应引至安全地点		□是	□不　是
水位计(液位计)	水(液)位计应划出高、低水(液)位红线		□已　划	□未　划
	水(液)位计旋塞(阀门)是否灵活		□灵　活	□不灵活
温度计	量程及精度等级		℃　　　级	
	校验日期		年　月　日	数量　　　支
	传感系统是否正常		□正　常	□不正常
报警联锁装置	高低限位(声、光)报警		□灵敏、准确	□不合格
	联锁装置工作情况		□动作迅速、正确	□不合格

说明:

综合结论:　□合　格　　□不合格

建设单位	监理单位	施工单位		
		技术负责人	施工员	质检员

本表由施工单位填写。

软化水处理设备安装调试记录 C6 - 4 - 7

工程名称		编　号	
施工单位		检查日期	
安装单位		软化设备工艺	
设备规格型号		数　量	

调试过程记录：

周期制水量		再生一次盐量	
生水		软化水	
YD(mmol/L)		YD(mmol/L)	
JD(mmol/L)		JD(mmol/L)	
Cl^-(mg/L)		Cl^-(mg/L)	
pH		pH	

综合结论：　　　　□合　格　　　　□不合格

建设单位	监理单位	施工单位	安装单位

本表由施工单位填写。

燃烧器及燃料管路安装记录 C6-4-8

工程名称		编 号	
施工单位		检查日期	
锅炉型号		位 号	

序号	项目	要求	实际	备注
1	燃烧器的标高偏差	±5 mm		
	各燃烧器之间的距离偏差	±3 mm		
	调风装置调节是否灵活	灵活		
	燃烧器装卸是否方便	方便		
2	室内油箱总面积	≤1 m³		
	油位计种类	非玻璃		
	室内油箱是否装设紧急排放管	装设		引至安全地点
	室内油箱是否装设紧急通气管	装设		应装设阻燃器
3	每台锅炉供油干线上是否有关闭阀和快速切断阀	装设		
	每个燃烧器前的燃油支管上是否有关闭阀	装设		
	每台锅炉的回油管上是否有止回阀	装设		

其他说明：

建设单位	监理单位	施工单位		
		技术负责人	施工员	质检员

本表由施工单位填写。

管道／设备保温施工检查记录 C6 -4 -9

工程名称		编 号	
施工单位		检查日期	
部位工程		设备名称	
管线编号/桩号		保温材料品种	
生产厂家		保温材料厚度	

基层处理与涂漆情况：

保温层施工情况：

保护层施工情况：

直埋热力管道接口保温(套袖连接)气密性试验结果：

综合结论：
  □合　格
  □不合格

建设单位	监理单位	施工单位		
		技术负责人	施工员	质检员

本表由施工单位填写。

净水厂水处理工艺系统调试记录 C6-4-10

工程名称		编 号	
施工单位		检查日期	
安装单位		处理工艺	
处理水量		m^3/d(设计产水量)	

调试过程记录：

清水池水质		清水池注满水时间		h
絮凝时间	min 廊道流速(m/s)	起端		末端
沉淀池溢流率	$m^3/(m \cdot d)$ 澄清池清水区上升流速			mm/s
进入滤池前水浑浊度				

滤池冲洗流速	配水干管(渠)进口处流速		m/s
	配水支管进口处流速		m/s
	孔眼流速		m/s

快滤池流速	进水管流速	m/s	出水管流速	m/s
	冲洗水管流速	m/s	排水管流速	m/s

综合结论：
　　□合　格
　　□不合格

建设单位	监理单位	施工单位	安装单位

本表由施工单位填写。

加药、加氯工艺系统调试记录 C6 – 4 – 11

工程名称		编 号	
施工单位		检查日期	
安装单位		处理工艺	
处理水量			

调试过程记录：

水质化验				
远方/就地转换开关				
输入流量信号				
输入余氯信号				
氯气流量信号输出				
瓶重报警信号				
加氯阀门				
余氯分析仪				
氯气检测器				
通风				

综合结论：
　　□合　格
　　□不合格

建设单位	监理单位	施工单位	安装单位

本表由施工单位填写。

离心水泵综合效率试验记录 C6-4-12

工程名称					
安装部位		施工单位			
进口管径　mm	设备位号		出口管径　mm		
		检查日期		编　号	
	设计扬程　m	规格型号	设计流量（m³/s）		
大气温度　℃	冷却水量　m³/s	水温　℃			

序号	开始流量(m³/s)	结束流量(m³/s)	时间(t)	进口压力(bar)	出口压力(bar)	转速(r/min)	动压头(m)	输入功率(kW)	损耗功率(kW)	电压(V)	电流(A)	功率因数 cosφ	额定转数(r/min)	流量(m³/s)	扬程(m)	轴功率(kW)	水功率(kW)	效率(%)

综合结论：

□合　格
□不合格

说明：

建设单位	监理单位	施工单位
		施工项目技术负责人　　施工员　　质检员

本表由施工单位填写。

水处理工艺管线验收记录 C6 – 4 – 13

工程名称				编　号	
施工单位				日　期	
安装单位					
管线类别					
资料审查	1	施工图纸、设计文件、设计变更文件			
	2	主要材料合格证或试验记录			
	3	施工测量记录			
	4	焊接、水密性、气密性试验记录			
	5	吹扫、清洗记录			
	6	施工记录			
	7	中间验收记录			
	8	工程质量事故处理记录			
	9	回填土压实度检验记录			
复验	1	管道的位置及高程			
	2	管道及附属构筑物的断面尺寸			
	3	管道配件安装的位置和数量			
	4	管道的冲洗及消毒等			
外观情况					
备注					

综合结论：
　　□合　格
　　□不合格

建设单位	监理单位	施工单位	安装单位

本表由施工单位填写。

污泥处理工艺系统调试记录 C6 – 4 – 14

工程名称		编 号	
施工单位		日 期	
安装单位			
处理工艺			

调试过程记录：	

远程/现场控制转换	
控制室设备、仪表起动及信号	
污泥处理相关机械起动情况	
排泥管、槽、池	
相关闸、阀等附件	
吸泥机、刮泥机运转情况	
反冲洗回流情况	
排泥池、浓缩池	
提升泵、脱水机	
其他	

综合结论：
　　□合 格
　　□不合格

建设单位	监理单位	施工单位	安装单位

本表由施工单位填写。

自控系统调试记录 C6 – 4 – 15

工程名称		编 号	
施工单位		日 期	
安装单位			

调试过程记录：

计算机系统	模拟量		点	数字量		点
序号	项目		测量点数	合格	不合格	返修
1	板闸、电动头					
2	液位计、探头					
3	水头损失仪					
4	浊度计					
5	流量计、传感器					
6	浓度计、传感器					
7	游动电流仪					
8	采样泵					
9	压力变送泵					
10	流量计转换器					
11	电动蝶阀					

综合结论：
    □合 格
    □不合格

建设单位	监理单位	施工单位	安装单位

本表由施工单位填写。

自控设备单台安装记录 C6 - 4 - 16

工程名称			编　号	
施工单位				
安装部位			安装日期	
设备名称			设备位号	
规格型号			执行标准	

项目	设计要求	允许偏差	实际偏差
安装位置			
设备固定			
相关部件			
机械性能			
电气性能			

说明：

综合结论：
　　□合　格
　　□不合格

建设单位	监理单位	施工单位		
		技术负责人	施工员	质检员

本表由施工单位填写。

第五节　电气安装工程施工记录 C6 - 5

电气安装工程分项自检、互检记录 C6 - 5 - 1

工程名称			施工单位			
检查部位			安装班组		编　号	
序号	具体项目及标准要求			自检	互检	质检	评定

序号	具体项目及标准要求	自检	互检	质检	评定
综合结论					

参加人员	质检员	施工员	班组长	互检人	自检人
签字					
检查日期					

注:检查时自检、互检、质检栏填写实测数据,序号填写时应与"具体项目及标准要求"栏的第一行字相对应。
本表由施工单位填写。

电缆敷设检查记录 C6－5－2

工程名称			编 号	
施工单位			检查日期	
部位工程			敷设方式	
天气情况			气温	℃
电缆编号	起点	终点	规格型号	用途

序号	检查项目及要求	检查结果
1	电缆规格符合设计规定,排列整齐,无机械损伤;标志牌齐全、整齐、清晰	
2	电缆的固定、弯曲半径、有关距离和单芯电力电缆的相序排列符合要求	
3	电缆终端、电缆接头安装牢固,相色正确	
4	电缆金属保护层、铠装、金属屏蔽层接地良好	
5	电缆沟内无杂物、盖板齐全、隧道内无杂物、照明及通风排水等符合设计要求	
6	直埋电缆路径标志应与实际路径相符,标志应清晰牢固、间距适当	
7	电缆桥架接地符合标准要求	

建设单位	监理单位	施工单位		
		技术负责人	施工员	质检员

本表由施工单位填写。

电气照明装置安装检查记录 C6 - 5 - 3

工程名称		编　号	
施工单位		检查日期	
部位名称			

序号	检查项目及要求	检查结果
1	照明配电箱(盘)安装	
2	电线、电缆导管和线缆敷设	
3	电线、电缆导管和线槽敷线	
4	普通灯具安装	
5	专用灯具安装	
6	建筑物景观照明灯、航空障碍标志灯和庭院灯安装	
7	开关、插座、风扇安装	
8		
9		
10		
11		
12		
13		

建设单位	监理单位	施工单位		
		技术负责人	施工员	质检员

本表由施工单位填写。

电线(缆)钢导管安装检查记录　C6－5－4

工程名称									编　号	
部位工程	施工单位							检查日期		
序号	起点位置及管口高程	止点位置及管口高程	公称直径(mm)	弯曲半径(mm)	长度(mm)	连接方式	跨接方式	防腐情况	排列情况	两端接地情况

建设单位	监理单位	施工单位	
		施工项目技术负责人	施工员	质检员

本表由施工单位填写。

成套开关柜(盘)安装检查记录 C6-5-5

工程名称				编　号	
施工单位				检查日期	
部位工程					
开关柜(盘)名称			型号	数量	
生产厂			出厂日期		

项目	检查项目			允许偏差 (mm)	最大偏差 (mm)
基础型钢安装	基础位置	中心线	纵		
			横		
		高程			
	垂直度			<1 mm/m,且<5	
	水平度			<1 mm/m,且<5	
	位置及不平行度			<5	
	型钢外廓尺寸(长×宽)				
	接地连接方式				
开关柜安装	垂直度			<1.5 mm/m	
	水平偏差	相邻两柜顶部		<2	
		成列柜顶部		<5	
	柜面偏差	相邻两柜		<1	
		成列柜面		<5	
	柜间接缝			<2	
	与基础型钢接地连接方式				

检查结果:

建设单位	监理单位	施工单位		
		技术负责人	施工员	质检员

本表由施工单位填写。

盘、柜安装及二次接线检查记录 C6－5－6

工程名称				编　号		
施工单位				检查日期		
部位工程				安装地点		
盘、柜名称				出厂编号		
序列编号		额定电压		安装数量		
生产厂						

序号	检查项目及要求	检查结果
1	盘柜安装位置准确、符合设计要求、偏差符合国家现行规范要求	
2	基础型钢安装偏差符合设计要求及规范要求	
3	盘柜的固定及接地应可靠,漆层应完好,清洁整齐	
4	盘柜内所装电气元件应符合设计要求,安装位置正确,固定牢固	
5	二次回路接线应正确,连接可靠,回路编号标志齐全清晰,绝缘符合要求	
6	手车或抽屉式开关柜在推入或拉出时应灵活,机械闭锁可靠	
7	柜内一次设备安装质量符合国家现行规范要求	
8	操作及联动试验正确,符合设计要求	
9	按国家现行规范进行的所有电气试验全部合格	
10		

建设单位	监理单位	施工单位		
		技术负责人	施工员	质检员

本表由施工单位填写。

避雷装置安装检查记录 C6－5－7

工程名称		编　　号	
施工单位		检查日期	
部位工程		安装地点	
施工图号			

1. □避雷针　　□避雷网

序号	材质规格	长度(m)	结构形式	外观检查	焊接质量	焊接处防腐处理
1						
2						
3						

2. 引下线

序号	材质规格	条数	断接点高度	连接方式	防腐	接地极组号	接地电阻
1							
2							
3							

检查结论	

建设单位	监理单位	施工单位		
		技术负责人	施工员	质检员

本表由施工单位填写。

起重机电气安装检查记录 C6－5－8

工程名称		编　号	
施工单位		检查日期	
部位工程		安装地点	
设备型号		额定数据	

序号	检查项目及要求	检查结果
1	滑接线及滑接器安装符合设计及规范要求	
2	安全式滑接线及滑接器安装符合设计及规范要求	
3	悬吊式软电缆安装符合设计及规范要求	
4	配线安装符合产品及规范要求	
5	控制箱(柜)、控制器、限位器、制动装置及撞杆安装等符合产品及规范要求	
6	轨道接地良好,符合设计及规范要求	
7	电气设备和线路绝缘电阻测试	
8	照明装置安装符合产品及规范要求	
9	安全保护装置、制动装置经模拟试验和调整完毕,校验合格。声光信号装置显示正确,清晰可靠	

建设单位	监理单位	施工单位		
		技术负责人	施工员	质检员

本表由施工单位填写。

电机安装检查记录 C6 - 5 - 9

工程名称		编　号	
施工单位		检查日期	
部位工程		安装地点	
设备名称		设备位号	
电机型号		额定数据	
生产厂家		产品编号	

序号	检查项目及规范要求	检查结果
1	安装位置符合设计及规范要求	
2	电机引出线牢固,绝缘层良好,接线紧密可靠,引出线不受外力	
3	盘动转子式转动灵活,无卡阻现象,轴承无异响	
4	轴承上下无框动,前后无窜动	
5	电刷与换向器或集电环的接触良好	
6	电机外壳及油漆完整,接地良好	
7	电机的保护,控制、测量、信号、励磁等回路的调试完毕,运行正常	
8	测定电机定子绕组、转子绕组及励磁绕组绝缘电阻符合要求	
9	电气试验按现行国家标准试验合格	

建设单位	监理单位	施工单位		
		技术负责人	施工员	质检员

本表由施工单位填写。

变压器安装检查记录 C6－5－10

工程名称		编　号	
施工单位		检查日期	
部位工程		安装地点	
变压器型号		出厂编号	

序号	检查项目及规范要求	检查结果
1	安装位置符合设计及规范要求	
2	变压器与母线连接紧密,螺栓锁紧装置齐全	
3	瓷套管完好、无裂痕、瓷釉无损伤,清洁无污物,瓷套管不受外力	
4	本体、冷却装置及所有附件无缺陷,且不渗油	
5	轮子的制动装置应牢固	
6	油漆应完整,相色标志正确	
7	储油柜、冷却装置等油路阀门均应打开,且指示正确	
8	接地线与主接地网的连接符合设计要求,接地应可靠	
9	储油柜与充油套管的油位正常	
10	分接头的位置应符合运行要求,且指示正确	
11	相位及接线组别符合变压器并列运行条件	
12	测温装置指示正确,整定值符合要求	
13	电气试验合格,报告齐全	

建设单位	监理单位	施工单位		
		技术负责人	施工员	质检员

本表由施工单位填写。

高压隔离开关、负荷开关及熔断器安装检查记录 C6 – 5 – 11

工程名称		编　号	
施工单位		检查日期	
部位工程		安装地点	
设备名称		额定数据	
生产厂		型号	出厂编号	

序号	检查项目及规范要求	检查结果
1	操动机构、传动装置安装应牢固,动作灵活可靠,位置指示正确	
2	合闸时三相不同期值应符合产品的技术规定	
3	相间距离及分闸时触头打开角度和距离符合产品的技术规定	
4	触头接触紧密良好	
5	油漆完整,相色标志正确,接地良好	
6	安装位置正确,符合设计及规范要求	
7	设备外观完好,瓷绝缘无损伤,无污痕	
8	按现行国家规范进行的所有电器试验全部合格	
9	熔断器熔体的额定电流符合设计要求	
10	开关的闭锁装置动作灵活、准确、可靠	
11		
12		
13		

建设单位	监理单位	施工单位		
		技术负责人	施工员	质检员

本表由施工单位填写。

电缆头(中间接头)制作记录 C6 - 5 - 12

工程名称				编 号	
施工单位				记录日期	
电缆敷设方式					

序号	电缆编号 施工记录				
1	电缆起止点				
2	制作日期				
3	天气情况				
4	电缆型号				
5	电缆截面				
6	电缆额定电压(V)				
7	电缆头型号				
8	保护壳型式				
9	接地线规格				
10	绝缘带型号规格				
11	绝缘材料	型号规格			
		绝缘情况	制作前		
			制作后		
12	芯线连接方法				
13	相序校对				
14	工艺标准				
15	备用长度				

建设单位	监理单位	施工单位		
		技术负责人	施工员	质检员

本表由施工单位填写。

厂区供水设备、供电系统调试记录 C6-5-13

工程名称		编　号	
设备名称	施工单位		
规格型号	调试日期		
安装部位	设备编号	产品编号	

序号	流量 (m³/h)	进口压力 (MPa)	出口压力 (MPa)	转速 (r/min)	水泵轴承温度(℃) 联轴器端	水泵轴承温度(℃) 后端	POTO 阀开度 (%)	电动机 电流 (A)	电动机 电压 (V)	轴承温度(℃) 联轴器端	轴承温度(℃) 后端	冷却器空气温度(℃) 进口	冷却器空气温度(℃) 出口1	冷却器空气温度(℃) 出口2	绕组温度(℃) L₁相	绕组温度(℃) L₂相	绕组温度(℃) L₃相	运行电压(V) A-N	运行电压(V) B-N	运行电压(V) C-N	运行电流(A) L₁相	运行电流(A) L₂相	运行电流(A) L₃相	运行时间 起	运行时间 止
1																									
2																									
3																									
4																									
5																									
6																									

建设单位	监理单位	施工单位
	施工项目技术负责人	施工员　　　　质检员

本表由施工单位填写。

自动扶梯安装前检查记录 C6 - 5 - 14

工程名称			编 号	
施工单位			记录日期	
安装单位				

序号	检测项目	设计要求	检测数值	偏差数值	
1	机房宽度(mm)				
2	机房深度(mm)				
3	支承宽度(mm)				
4	支承长度(mm)				
5	中间支承强度				
6	支承水平间距(mm)				
7	扶梯提升高度(mm)				
8	支承预埋铁件尺寸(mm)				
9	提升设备搬运的连接附件				

检查意见：

建设单位	监理单位	施工单位	安装单位		
			技术负责人	测量员	质检员

本表由施工单位填写。

第九章　施工试验记录

第一节　施工试验记录(通用)C7 - 1

施工试验记录(通用)C7 - 1

工程名称		编　号	
施工单位		试验日期	
试验部位		规格、材料	

试验要求:

试验情况记录:

试验结论:

建设单位	监理单位	施工单位		
		技术负责人	质检员	施工员

本表由施工单位填写。

第二节　基础/主体结构工程通用施工试验记录 C7 – 2

土壤压实度试验记录(环刀法)C7 – 2 – 3

工程名称				编　号		
施工单位				试验日期		
代表部位				击实种类		
取样桩号及井号						
取样深度						
取样位置						
土样种类						
湿密度	环刀号					
	环刀 + 土质量(g)					
	环刀质量(g)					
	土质量(g)					
	环刀容积(cm^3)					
	湿密度(g/cm^3)					
干密度	盒号					
	盒 + 湿土质量(g)					
	盒 + 干土质量(g)					
	水质量(g)					
	盒质量(g)					
	干土质量(g)					
	含水量(%)					
	平均含水量(%)					
	干密度(g/cm^3)					
	最佳干密度(g/cm^3)					
	压实度(%)					
备注	本试验经二次平行测定后,其平行差值不得大于规定值。取其算术平均值。					
审核			试验			

本表由施工单位、检测单位填写。

土壤压实度试验记录(水袋法)C7 - 2 - 4

工程名称			编　号	
施工单位			试验日期	
代表部位			击实种类	

	取样桩号及井号			
	取样深度			
	取样位置			
	土样种类			
湿密度	湿料质量(g)			
	水体积(cm³)			
	湿密度(g/cm³)			
干密度	盒号			
	盒 + 湿土质量(g)			
	盒 + 干土质量(g)			
	水质量(g)			
	盒质量(g)			
	干土质量(g)			
	含水量(%)			
	平均含水量(%)			
	干密度(g/cm³)			
	最佳干密度(g/cm³)			
	压实度(%)			
备注	本试验经二次平行测定后,其平行差值不得大于规定值。取其算术平均值。			
审核			试验	

本表由施工单位、检测单位填写。

砂浆试块强度试验汇总表 C7-2-7

工程名称					编 号		
施工单位					填表日期		
序号	试验编号	制作日期	部位名称	砂浆强度		达到设计强度(%)	备注
				设计要求	试验结果		
施工项目技术负责人					填表人		

本表由施工单位填写。

砂浆试块强度统计评定记录 C7－2－8

施工单位				编　号	
工程名称				评定日期	
试块组数	设计强度	部　位	强度等级	养护方法	评定数据
$n=$	$f_2=$	平均值 $f_{2,m}=$	最小值 $f_{2,min}=$	$0.75f_2=$	
每组强度值(MPa)					

结论

评定依据:《砌体工程施工质量验收规范》(GB 50203—2002)

一、同品种、同强度等级砂浆各组试块的平均值 $f_{2,m} \geqslant f_2$

二、任意一组试块强度 $f_{2,min} \geqslant 0.75f_2$

三、仅有一组试块时,其强度不应低于 $1.0f_2$

施工项目技术负责人	制表	计算

本表由施工单位填写。

混凝土强度(性能)试验汇总表 C7-2-13

工程名称				编 号				
施工单位				填表日期				
工程部位 及编号	设计要求 强度等级 (压、折、渗)	试验 编号	养护 条件	龄期 (d)	抗压强度 (N/mm^2)	抗折强度 (N/mm^2)	抗渗 等级	强度值偏差 及处理情况
施工项目技术负责人					填表人			

本表由施工单位填写。

混凝土试块强度统计评定记录 C7－2－14

施工单位						评定日期	
工程名称						编　号	
部位		强度等级				养护方法	

试块组数	设计强度	平均值	标准差	合格判定系数	最小值	评定数据		
$n =$	$f_{cu,k} =$ MPa	$m_{fcu} =$ MPa	$s_{fcu} =$ MPa	$\lambda_1(\lambda_3) =$　$\lambda_2(\lambda_4) =$	$f_{cu,min} =$ MPa	$f_{cu,k} =$ （MPa）　$\lambda_3 \cdot f_{cu,k} =$	$\lambda_4 \cdot f_{cu,k} =$	$m_{fcu} - \lambda_1 \cdot s_{fcu} =$　$\lambda_2 \cdot f_{cu,k} =$

每组强度值（MPa）

结论								

施工项目技术负责人	制表	计算

评定依据:《混凝土强度检验评定标准》(GB/T 50107—2010)

1) 统计组数 $n \geq 10$ 组时: $m_{fcu} - \lambda_1 \cdot s_{fcu} \geq f_{cu,k}$; $f_{cu,min} \geq \lambda_2 \cdot f_{cu,k}$

2) 非统计方法: $m_{fcu} \geq \lambda_3 \cdot f_{cu,k}$; $f_{cu,min} \geq \lambda_4 \cdot f_{cu,k}$

本表由施工单位填写。

第三节　道路、桥梁工程试验记录 C7 - 3

石灰类无机混合料中石灰剂量检验报告 C7 - 3 - 1

工程名称				编　号			
施工单位				填表日期			
检验部位				设计剂量			
日期	取样地点桩号	检验次数	瓶号	瓶质量（g）	瓶加试样质量（g）	石灰土试样质量(g)	滴定试样消耗EDTA(mL)	石灰剂量（%）
平均值								
备注：								
负责人		审核		计算		试验		

本表由施工单位及检测单位填写。

压实度试验记录（灌砂法）C7－3－3

施工单位		编　号		日　期	
工程名称		工序项目		部　位	

桩号									
层次及厚度(cm)									
灌砂前砂＋容器质量(g)	(1)								
灌砂后砂＋容器质量(g)	(2)								
灌砂筒下部锥体内砂质量(g)	(3)								
试坑灌入量砂的质量(g)	(4)	(1)－(2)－(3)							
量砂堆积密度(g/cm³)	(5)								
试坑体积(cm³)	(6)	(4)/(5)							
试坑中挖出的湿料质量(g)	(7)								
试样湿密度(g/cm³)	(8)	(7)/(6)							
含水量 W (%)	盒号	(9)							
	盒质量(g)	(10)							
	盒＋湿料质量(g)	(11)							
	盒＋干料质量(g)	(12)							
	水质量(g)	(13)	(11)－(12)						
	干料质量(g)	(14)	(12)－(10)						
	平均含水量(%)	(15)	(13)/(14)×100%						
干质量密度(g/cm³)	(16)	(8)/{(1)＋(15)}							
最大干密度(g/cm³)	(17)								
压实度(%)	(18)	(16)/(17)×100%							
审核		计算		试验		试验日期			

本表由施工单位及检测单位（抽查1/3）填写。

道路结构层厚度检验记录 C7-3-5

工程名称		编 号	
施工单位		检验日期	
检验部位		设计厚度	
检验方法		结构材料	

序号	检验路段桩号	检验频率	检验点桩号及取样部位	实测值	检验结果

建设单位	监理单位	施工单位		
		技术负责人	质检员	施工员

本表由施工单位及检测单位(抽查1/3)填写。

道路结构层平整度检查记录 C7 - 3 - 6

工程名称		编　号	
施工单位		检验部位	
道路宽度		设计厚度	
平整度 标准允许差 σ	（　）≤	检查方法	
		检验日期	

序号	检查段桩号及部位	实测值											检验结果
		1	2	3	4	5	6	7	8	9	10	平均值	

建设单位	监理单位	施工单位		
		技术负责人	质检员	施工员

本表由施工单位及检测单位(抽查 1/3)填写。

路面粗糙度检查记录 C7 - 3 - 7

工程名称				编 号			
施工单位				检验部位			
路面材质				路面等级			
设计要求 抗滑指标	摩擦系数			检验设备			
	纹理深度		mm	检验日期			

序号	检查桩号	检验频率	布点位置	实测值			检验结果
				左	中	右	

建设单位	监理单位	施工单位			检测单位
		技术负责人	质检员	施工员	

本表由施工单位及检测单位(抽查1/3)填写。

第十章　功能性试验记录

第一节　道路、桥梁工程功能性试验记录 C8-1

回弹弯沉记录 C8-1-1

工程名称				编　号				
施工单位				起止桩号				
试验位置				后轴重				
设计弯沉值				试验车型				
				试验时间				

序号	桩号	轮位	行车道（　）			行车道（　）			行车道（　）		
			百分表读数		回弹值	百分表读数		回弹值	百分表读数		回弹值
			D_1	D_2	1/100 （mm）	D_1	D_2	1/100 （mm）	D_1	D_2	1/100 （mm）

结论：

技术负责人		试验		记录		计算	

本表由施工单位及检测单位（抽查 1/3）填写。

桥梁功能性试验委托书 C8-1-2

工程名称		编　　号	
施工单位		检验部位	
受委托试验单位		委托日期	

受委托单位(签字、盖章)	施工单位(签字、盖章)
	委托人：
	项目负责人：
年 月 日	年 月 日

本表由施工单位填写。

第二节　管(隧)道工程功能性试验记录 C8-2

给水管道水压试验记录 C8-2-1

工程名称					编　号	
施工单位					试验日期	年　月　日
桩号及地段						
管道内径(mm)	管　材		接口种类		试验段长度(m)	
工作压力 （MPa）	试验压力 （MPa）		10分钟降压值 （MPa）		允许渗水量 （L/(min·km)）	
试验方法	注水法	次数	达到试验压力 的时间 t_1 （min）	恒压结束时间 t_2 （min）	恒压时间内注 入的水量 W(L)	渗水量 q （L/min）
		1				
		2				
		3				
		折合平均渗水量				L/(min·km)
	放水法	次数	由试验压力降压 0.1 MPa 的时间 t_1(min)	由试验压力放水 下降 0.1 MPa 的 时间 t_2(min)	由试验压力放 水下降 0.1 MPa 的放水量 W(L)	渗水量 q （L/min）
		1				
		2				
		3				
		折合平均渗水量				L/(min·km)
外　观						
试验结论	强度试验			严密性试验		
建设单位	监理单位		设计单位	施工单位		
				技术负责人	质检员	

本表由施工单位填写。

给水、供热管网清洗记录 C8-2-2

工程名称		编号	
施工单位		日期	
冲洗范围(桩号)			
冲洗长度			
冲洗介质			
冲洗方法			
冲洗情况 及结果			
备 注			

建设单位	监理单位	设计单位	施工单位	
			技术负责人	质检员

本表由施工单位填写。

供热管道水压试验记录 C8 – 2 – 3

工程名称		编　号	
施工单位		试验日期	
试压范围 （起止桩号）		管　径 （mm）	
试压总长度(m)			
设计压力(MPa)		试验压力(MPa)	
允许压力降(MPa)		实际压力降(MPa)	
稳压时间 （min）	试验压力下		
	设计压力下		
试验情况			
试验结论			

建设单位	监理单位	设计单位	施工单位		
			技术负责人	质检员	

本表由施工单位填写。

供热管网(场站)试运行记录 C8 - 2 - 4

工程名称			编号	
施工单位			日期	
热运行范围				
热运行时间	从 月 日 时 分起至 月 日 时 分止			
热运行温度(℃)		热运行压力(MPa)		
是否连续运行		热运行累计时间(h)		

热运行情况:

处理意见:

建设单位	监理单位	试运行组织单位	施工单位	设计单位	管理单位
签字:	签字:	签字:	签字:	签字:	签字:
(公章)	(公章)	(公章)	(公章)	(公章)	(公章)

本表由施工单位填写。

燃气管道通球试验记录 C8 - 2 - 5

工程名称		编　号	
施工单位		试验日期	
管道直径(mm)		起止桩号	
试验单位			
发球时间		收球时间	

试验情况：

试验结论：

建设单位	监理单位	设计单位	施工单位	试验单位	

本表由施工单位填写。

燃气管道强度试验记录 C8 – 2 – 6

工程名称		编　号	
施工单位		试验日期	
起止桩号		管道材质	
接口做法		试验次数	第　次共　次
设计压力（MPa）		试验压力（MPa）	
允许压力降（MPa）		实际压力降（MPa）	
压力表种类	弹簧表□　电子表□　U 型压力计□	压力表量程及精度等级	MPa；　级
试验介质		稳压时间	
试验结论			
处理意见			

建设单位	监理单位	设计单位	施工单位	

本表由施工单位填写。

燃气管道严密性试验验收单 C8 - 2 - 7

<table>
<tr><td>工程名称</td><td></td><td>编　号</td><td></td></tr>
<tr><td>施工单位</td><td></td><td>试验日期</td><td></td></tr>
<tr><td>起止桩号</td><td></td><td>试验介质</td><td></td></tr>
<tr><td>接口做法</td><td></td><td>管道材质</td><td></td></tr>
<tr><td>设计压力
（MPa）</td><td></td><td>试验压力
（MPa）</td><td></td></tr>
<tr><td>试验开始时间</td><td colspan="2">年　月　日　时　分</td><td>试验结束时间</td><td colspan="2">年　月　日　时　分</td></tr>
<tr><td rowspan="2">管道</td><td>内径(mm)</td><td></td><td></td><td></td><td colspan="2">合计长度</td></tr>
<tr><td>长度(m)</td><td></td><td></td><td></td><td colspan="2">m</td></tr>
<tr><td>允许压力降</td><td colspan="2">MPa</td><td>实际压力降</td><td colspan="2">MPa</td></tr>
<tr><td>试验情况</td><td colspan="6"></td></tr>
<tr><td>试验结论</td><td colspan="6"></td></tr>
<tr><td>处理意见</td><td colspan="6"></td></tr>
<tr><td>建设单位</td><td colspan="2">监理单位</td><td>设计单位</td><td colspan="2">施工单位</td></tr>
<tr><td></td><td colspan="2"></td><td></td><td colspan="2"></td></tr>
</table>

本表由施工单位填写。

燃气管道严密性试验记录(一)C8 - 2 - 8

工程名称					编　号		
施工单位					日　期		
压力级别及管径	___压,φ ___mm			压力计种类		U 型压力计	
起止桩号		长度	m	管道材质			
充气时间		年 月 日 时		记录开始时间		年 月 日 时	
稳压时间		h		记录结束时间		年 月 日 时	
时　间	上读数	下读数	土壤温度（℃）	时　间	上读数	下读数	土壤温度（℃）
施工项目技术负责人			质检员			记录人	

本表由施工单位填写。

燃气管道严密性试验记录(二)C8-2-9

工程名称					编　号	
施工单位					日　期	
压力计种类		压力计精度等级			压力单位	
压力级别			管道材质			
公称直径			mm	充气时间		年 月 日 时
起止桩号		长度	m	记录开始时间		年 月 日 时
稳压时间			h	记录结束时间		年 月 日 时

时间	压力	时间	压力	时间	压力

其他说明:

施工项目技术负责人	质检员	记录人

本表由施工单位填写。

户内燃气设施强度/严密性试验记录 C8－2－10

工程名称					编　号			
施工单位								
试验项目	□强度　　□严密性			试验日期			年　月　日	
试验压力（kPa）				允许压力降（kPa）				
试验范围	楼　号							
	户　数（户）							
	主立管（数量）							
	引入口（个）							
	燃气表（台）							
	燃气灶（台）							
	热水器（台）							
强度试验	试验压力(kPa)							
	检验结果							
严密性试验	试验压力(kPa)							
	保压时间(min)							
	最大压力降(kPa)							

试验结论：

建设单位	监理单位	设计单位	施工单位		
			技术负责人	施工员	

本表由施工单位填写。

燃气储罐总体试验记录 C8 – 2 – 11

工程名称			编　号	
施工单位			日　期	
规　格			位　号	
分部分项工程名称			材　质	

试验项目		试验日期	试验方法	试验结果
罐底	严密性试验			
管壁	严密性和强度试验			
固定项	严密性和强度试验			
	稳定性试验			
浮项或内浮项	单盘板、内浮盘板严密性试验			
	焊缝试漏检查			
	船舱严密性试验			
	升降试验			

说明：

建设单位	监理单位	设计单位	施工单位	

本表由施工单位填写。

阀门试验记录 C8-2-12

工程名称 _____ 部位 _____ 编号 _____

试验时间	阀门名称	规格型号	阀门编号（位置）	试验介质	强度试验 压力（MPa）	强度试验 停压时间	严密试验（MPa）	试验结果	备注

日期 _____ 年 月 日

建设单位	监理单位	施工单位	施工项目技术负责人	质检员	施工员	班组长

注：强度试验为阀门公称压力的1.5倍，严密性试验为阀门公称压力。

本表由施工单位填写。

管道系统吹洗(脱脂)记录 C8 – 2 – 13

工程名称								编号		
施工单位			分部分项工程					日期		
管道系统号	材质	工作介质	吹 洗					脱 脂		
			介质	压力(MPa)	流速(m/s)	洗吹次数	鉴定	介质	鉴定	

建设单位	监理单位	施工单位		
		施工项目技术负责人	质检员	施工员

本表由施工单位填写。

阴极保护系统验收测试记录 C8 – 2 – 14

工程名称		编号	
施工单位		日期	
阴极保护安装单位		参比电极种类	
测试单位			

序号	阳极埋设时间	测试位置（桩号）	保护单位（–V）	阳极开路电位（–V）	阳极输出电流(mA)	备注

验收结论：

□合　格　　　　　　□不合格

建设单位	监理单位	施工单位	安装单位	测试单位

本表由测试单位填写。

无压力管道严密性试验记录 C8 - 2 - 15

工程名称						
施工单位				试验日期		年　月　日
起止井号	＿＿＿＿号井至＿＿＿＿号井段,带＿＿＿＿号井,井型号＿＿＿＿					
管道内径 （mm）	管材种类		接口种类			试验段长度 （m）
试验段上游 设计水头 （m）	试验水头(m) （高于上游管内顶）			允许渗水量 （m³/(24h·km)）		

渗水量测定记录	次数	观测起始 时间 t_1	观测结束 时间 t_2	恒压时间 t(min)	恒压时间内补 入的水量 W （L）	实测渗水量 q （L/(min·m)）
	1					
	2					
	3					
	折合平均实测渗水量			m³/(24h·km)		

外观记录					
鉴定意见					
建设单位	监理单位	施工单位			
		施工项目 技术负责人	质检员	施工员	

本表由施工单位、检测单位填写。

第三节 厂(场)站设备安装工程施工试验记录 C8-3

调试记录(通用)C8-3-1

工程名称				编 号		
施工单位				调试时间		
分部工程				设备或设施名称		
规格型号				系统编号		
调试内容						
调试结果						
建设单位	监理单位	设计单位	施工单位	调试单位		
				项目技术负责人	质检员	施工员

本表由施工单位填写。

运转设备试运行记录(通用)C8 - 3 - 2

工程名称		编 号	
施工单位		日 期	
设备名称		规格型号	
试验单位		额定数据	
设备所在系统		台 数	
试运行时间	试验自 年 月 日 时 分起,至 年 月 日 时 分止		
试运行性质	□ 空负荷试运行　　　 □ 负荷试运行		

序号	重点检查项目	主要技术要求	试验结论
1	盘车检查	转动灵活,无异常现象	
2	有无异常音响	无异常噪音、声响	
3	轴承温度	1. 滑动轴承及往复运动部件的温升不得超过 35 ℃,最高温度不得超过 65 ℃ 2. 滚动轴承的温升不得超过 40 ℃,最高温度不得超过 75 ℃ 3. 填料或机械密封的温度应符合技术文件的规定	
4	其他主要部位的温度及各系统的压力参数	在规定范围内	
5	振动值	不超过规定值	
6	驱动电机的电压、电流及温升	不超过规定值	
7	机器各部位的紧固情况	无松动现象	
8			

综合结论:
　　□合　格
　　□不合格

建设单位	监理单位	施工单位		管理单位
		项目技术负责人	质检员	

本表由施工单位填写。

设备强度/严密性试验记录 C8-3-3

工程名称				编 号		
施工单位						
设备名称				设备位号		
试验项目	□强度 □严密性			试验日期	年 月 日	
环境温度	℃	试验介质温度	℃	压力表精度等级	级	

试验部位	设计压力（MPa）	设计温度（℃）	最大工作压力（MPa）	工作介质	试验压力（MPa）	试验介质
壳程						
管程						

试验要求：

试验情况记录：

试验结论：

　　　　□合　格　　　　□不合格

建设单位	监理单位	设计单位	施工单位		
			技术负责人	施工员	

本表由施工单位填写。

起重机试运转试验记录 C8-3-4

工程名称				编　　号	
施工单位				试验时间	
设备名称				规格型号	
安装位置					

主要检查项目			主要技术要求	检查结果
试运转前检查	1	电气系统、安全联锁装置、制动器、控制器、照明和信号系统	动作灵敏、准确	
	2	钢丝绳端的固定及其在吊钩、取物装置、滑轮组和卷筒上的缠绕	正确、可靠	
	3	各润滑点和减速器所加油、脂的性能、规格和数量	负荷设备技术文件的规定	
	4	盘动各运动机构的制动轮	均使转动系统中最后一根轴旋转一周无阻滞现象	
空负荷试运转	1	操纵机构的操作方向	与起重机的各机构运转方向相符	
	2	分别开动各机构的电动机	运转正常,大车、小车运行时不卡轨,各制动器能准确地动作,各限位开关及安全装置动作应准确、可靠	
	3	卷筒上钢丝绳的缠绕圈数	当吊钩在最低位置时,不少于2圈	
	4	电缆的放缆和收缆速度	与相应的机构速度相协调,并满足工作极限位置的要求	
	5	夹轨器、制动器、防风抗滑的锚定装置和大车防倾斜装置; 起重机的防碰撞装置、缓冲器等装置	动作准确、可靠 可靠工作	
	6	试验的最少次数	1、2、3、4项不少于五次,且动作准确无误;5项为1~2次,且动作准确无误	
静负荷试运转	1	小车在全行程上空载试运行	不少于3次	
	2	升至额定负荷,在全行程上往返次数	各部分无异常,卸载后桥架无异常	
	3	小车在最不利位置处,起升额定起重量1.25倍的负荷,在离地面100~200 mm处停留10 min	无失稳现象;卸载后,桥架金属结构无裂纹、焊缝无开裂、无油漆脱落、无影响安全的其他缺陷	
	4	第3项试验三次后,检查并测量主梁的实际上拱度或悬臂的上翘度	无永久变形,通用桥式(门式)起重机上挠度 ≥ 0.7 S/1 000 mm,悬臂式起重机上翘度 ≥ 0.7 L/350 mm	
	5	检查起重机的静刚度	应符合 GB 50278—98 表 11.0.5 的要求	
动负荷试验		在额定起重量的1.1倍负荷下起动及运行时间:电动起重机不应小于1 h,手动起重机不应小于10 min	各机构的动作灵敏、平稳、可靠,安全保护、联锁装置和限位开关的动作准确、可靠	

有关说明:				
综合结论:　　　□合　格　　　　□不合格				
监理(建设)单位	管理单位	施工单位		
		项目技术负责人	质检员	

本表由施工单位填写。

设备负荷联动(系统)试运行记录 C8 - 3 - 5

工程名称		编 号	
施工单位		日 期	
试验系统			
试运行时间	自 年 月 日 时起, 至 年 月 日 时止		

试运行内容:

试运行情况:

说明:

综合结论:
　　□合 格
　　□不合格

建设单位	监理单位	设计单位	管理单位	施工单位	
				项目经理	项目技术负责人

本表由施工单位填写。

安全阀调试记录 C8 - 3 - 6

工程名称		编　　号	
施工单位		调试日期	
安全阀安装地点		安全阀规格型号	
工作介质		设计开启压力	MPa
试验介质		试验开启压力	MPa
试验次数	次	试验回座压力	MPa

调试情况及结论：

建设单位	监理单位	施工单位	调试单位	

本表由施工单位填写。

水池满水试验记录 C8-3-7

工程名称		编　号	
施工单位		注水日期	
水池名称			
水池结构		允许渗水量(L/(m² · d))	
水池平面尺寸(m×m)		水面面积 A_1(m²)	
水深(m)		湿润面积 A_2(m²)	
测读记录	初读数	末读数	两次读数差
测读时间 (年 月 日 时 分)			
水池水位 E(mm)			
蒸发水箱水位 e(mm)			
大气温度(℃)			
水　温(℃)			
实际渗水量	m³/d	L/(m² · d)	占允许量的百分率(%)

试验结论：

建设单位	监理单位	施工单位			
		技术负责人	质检员	测量人	

本表由施工单位填写。

污泥消化池气密性试验记录 C8 – 3 – 8

工程名称		编号	
建设单位		日期	
施工单位		池号	

气室顶面直径(m)		预面面积(m²)	
气室底面直径(m)		底面面积(m²)	
气室高度(m)		气室体积(m³)	

测读记录	初读数	末读数	两次读数差
测读时间 年 月 日 时 分			
池内气压(Pa)			
大气压力(Pa)			
池内气温(℃)			
池内水位 E(mm)			
压力降 ΔP(Pa)			
压力降占试验压力(%)			

试验结论：

建设单位	监理单位	施工单位			
		技术负责人	质检员	测量人	

本表由施工单位填写。

曝气均匀性试验记录 C8－3－9

工程名称		编 号	
施工单位		试验日期	
设备名称		设备规格	

试验过程	清水面在出气口以上 50 mm 处	
	清水面在出气口以上 1 000 mm 处	

试验结论：

建设单位	监理单位	施工单位			
		技术负责人	质检员	施工员	

本表由施工单位填写。

防水工程试水记录 C8 - 3 - 10

工程名称		编 号	
施工单位			
专业施工单位		检查日期	
检查部位		检查方式	
蓄水时间	从 年 月 日 时 起,至 年 月 日 时止		

检查结果:

复查结果:

复查人: 复查日期:

其他说明:

建设单位	监理单位	施工单位			
		技术负责人	质检员	施工员	

本表由施工单位填写。

第四节 电气工程施工试验记录 C8-4

电气绝缘电阻测试记录 C8-4-1

工程名称				编 号					
施工单位				测试日期			年 月 日		
部位名称				计量单位			MΩ(兆欧姆)		
仪表型号		电压(V)		天气情况			气温		℃
电缆(线)编号(电气设备名称)	相间			相对零			相对地		零对地
	L_1-L_2	L_2-L_3	L_3-L_1	L_1-N	L_2-N	L_3-N	L_1-PE	L_2-PE L_3-PE	$N-PE$

测试结论

□合 格

□不合格

建设单位	监理单位	施工单位		
		技术负责人	质检员	测试人(二人)

注:1.本表适用于单相、单相三线、三相四线制、三相五线制的照明、动力线路及电缆线路,电机等绝缘电阻的测试。

2.表中 L_1 代表第一相、L_2 代表第二相、L_3 代表第三相、N 代表零线(中性线)、PE 代表保护接地线。

本表由施工单位填写。

电气接地电阻测试记录 C8 - 4 - 2

工程名称				编 号		
施工单位				部位名称		
仪表型号				测试日期		年 月 日
计量单位		Ω(欧姆)		天气情况	气温	℃
接地类型	防雷接地	保护接地	重复接地	接地		接地
组别及实测数据 1						
2						
3						
4						
5						
6						
7						
8						
9						
10						
设计要求	≤ Ω	≤ Ω	≤ Ω	≤ Ω		≤ Ω
测试结论						
建设单位	监理单位	设计单位	施工单位			
			技术负责人	质检员		测试(二人)

注:1. 本表适用于各种类型接地电阻的测试。

　　2. 非重点及设计无特殊要求的工程,设计单位可不参加签字。

本表由施工单位填写。

电气照明全负荷试运行记录 C8 - 4 - 3

工程名称				编　　号			
施工单位				部位工程			
试运行时间	自　年　月　日　时　分开始,至　年　月　日　时　分结束						
填写日期		年　　月　　日					

序号	回路名称	设计容量(kW)	试运行时间	运行电压(V)			运行电流(A)		
				$L_1 - N$ ($L_1 - L_2$)	$L_2 - N$ ($L_2 - L_3$)	$L_3 - N$ ($L_3 - L_1$)	L_1 相	L_2 相	L_3 相

试运行情况记录及运行结论:

建设单位	监理单位	施工单位		
		项目技术负责人	质检员	测试人

本表由施工单位填写。

电机试运行记录 C8-4-4

工程名称			编　号		
施工单位			部位名称		
设备名称			安装位置		
施工图号		电机型号		设备位号	
电机额定数据				环境温度	
试运行时间	自　年　月　日　时　分开始,至　年　月　日　时　分结束				

序号	试验项目	试验状态	试验结果	备注
1	电源电压	□空载　□负载	V	
2	电机电流	□空载　□负载	A	
3	电机转速	□空载　□负载	rpm	
4	定子绕组温度	□空载　□负载	℃	
5	外壳温度	□空载　□负载	℃	
6	轴承温度	□前　□后	℃	
7	起动时间		s	
8	振动值(双倍振幅值)			
9	噪声		dB	
10	碳刷与换向器或滑环	工作状态		
11	冷却系统	工作状态		
12	润滑系统	工作状态		
13	控制柜继电保护	工作状态		
14	控制柜控制系统	工作状态		
15	控制柜调速系统	工作状态		
16	控制柜测量仪表	工作状态		
17	控制柜信号指示	工作状态		

试验结论			

建设单位	监理单位	施工单位		
		项目技术负责人	质检员	测试人

本表由施工单位填写。

电气接地装置平面示意图与隐检记录 C8 – 4 – 5

工程名称			编号	
施工单位			日期	
部位名称			图号	
接地类别		组数	设计要求	≤ Ω

接地装置平面示意图(绘制比例要适当,注明各组别编号及有关尺寸)

接地装置敷设情况检查表(尺寸单位:mm)

槽沟尺寸			土质情况	
接地线规格			打进深度	
接地体规格	垂直		焊接情况	
	水平		接地电阻	(取最大阻值) Ω
防腐处理			检查日期	年 月 日
检验结论				

建设单位	监理单位	施工单位		
		技术负责人	质检员	测试人

注:1. 此项工作必须在接地装置敷设后隐蔽之前进行。

2. 凡是委托监理的工程均由监理代表签字。

3. 表中位置不够用时可另附图。

本表由施工单位填写。

变压器试运行检查记录 C8 - 4 - 6

工程名称				编号		
施工单位				日期		
施工图号				生产厂		
设备型号				额定数据		
接线组别		出厂编号		环境温度		℃
试运行时间	自　年　月　日　时　分起,至　年　月　日　时　分止					

序号	检查项目	测试结果	结论
1	电源电压	V	
2	二次空载电压	V	
3	分接头位置		
4	噪音	dB	
5	二次电流	A	
6	瓷套管有无放电闪烁		
7	阴线接头、电缆、母线有无过热		
8	5次空载全压冲击合闸情况		
9	风冷变压器风扇工作状态是否符合制造厂规定		
10	上层油温	℃	
11	并联运行的变压器核相试验		
12	检查变压器的各部位有无渗油		
13	测温装置指示是否正常		

建设单位	监理单位	施工单位			
		技术负责人	质检员	测试人	

本表由施工单位填写。

第十一章 施工质量验收记录及竣工验收文件

第一节 施工质量验收记录

检验批质量验收记录 C9 - 1

单位工程名称					编号				
施工承包单位					验收部位				
分项工程名称					分部工程名称				
项目经理			技术负责人				施工员		
分包单位			分包项目经理				施工班组长		
施工执行的标准名称及编号									

质量验收规范的规定			施工单位检查评定记录								监理(建设)单位验收记录
检查项目		规定值或允许偏差(mm)	1	2	3	4	5	6	7	8	
主控项目	1										
	2										
	3										
	4										
	5										
	6										
	7										
一般项目	1										
	2										
	3										
	4										
	5										
	6										
	7										
	8										
	9										
平均合格率(%)											

施工单位检查评定结果:

项目专业质量检查员 年 月 日

监理(建设)单位验收结论:

监理工程师
(建设单位项目专业技术负责人) 年 月 日

本表由施工单位填写。

分项工程质量验收记录 C9 - 2

单位工程名称		编　号	
施工承包单位		检验批数	
项目经理		技术负责人	
分包单位		分包单位负责人	
分包项目经理		填表日期	

序号	检验批部位、区段	施工单位检查评定结果	监理(建设)单位验收结果

说明：

检查结论	项目专业技术负责人 年　月　日	验收结论	监理工程师 (建设单位项目专业技术负责人) 年　月　日

本表由施工单位填写。

分部(子分部)工程质量验收记录 C9－3

单位工程名称		编号	
施工承包单位		项目质量负责人	
项目经理		项目技术负责人	
分包单位		分包单位负责人	
分包技术负责人		填表日期	

序号	分项工程名称	检验批数	施工单位评定结果	验收意见

质量控制资料	
安全和功能检验(检测)报告	
观感质量验收	

验收单位	建设单位	监理单位	设计单位	施工单位	分包单位
	验收意见：	验收意见：	验收意见：	验收意见：	验收意见：
	项目负责人： 年 月 日	总监理工程师： 年 月 日	项目负责人： 年 月 日	项目经理： 年 月 日	项目经理： 年 月 日

本表由施工单位填写。

第二节 竣工验收文件

单位(子单位)工程竣工预验收报验表 C10 - 2

单位工程名称		编号	

致＿＿＿＿＿＿＿＿(监理单位):

　　我方已按合同要求完成了＿＿＿＿＿＿＿＿工作,经自检合格,请予以检查和验收。

附件:

施工总承包单位(章)＿＿＿＿＿＿＿＿

项目经理＿＿＿＿＿＿＿＿

日期＿＿＿＿＿＿＿＿

审查意见:

经预验收,该工程

1. 符合/不符合我国现行法律、法规要求;

2. 符合/不符合我国现行工程建设标准;

3. 符合/不符合设计文件要求;

4. 符合/不符合施工合同要求;

综上所述,该工程预验收合格/不合格,可以/不可以组织正式验收。

监理单位＿＿＿＿＿＿＿＿

总监理工程师＿＿＿＿＿＿＿＿

日期＿＿＿＿＿＿＿＿

本表由施工单位填写。

单位(子单位)工程质量竣工验收记录 C10-3

单位工程名称		编 号		
结构类型		工程造价		万元
施工承包单位		技术负责人		
项目经理		项目技术负责人		
开工日期		竣工日期		

序号	项目	验收记录	验收结论
1	分部工程	共 分部,经查 分部 符合标准及设计要求 分部	
2	质量控制资料核查	共 项,经核定符合规范要求 项 经核定不符合规范要求 项	
3	安全和主要使用功能核查及抽查结果	共核查 项,符合要求 项 共抽查 项,符合要求 项 经返工处理,符合要求 项	
4	观感质量验收	共核查 项,符合要求 项 不符合要求 项	
5	综合验收结论		

参加验收单位	建设单位	监理单位	施工单位
	(公章) 单位(项目)负责人 年 月 日	(公章) 总监理工程师 年 月 日	(公章) 单位负责人 年 月 日
	设计单位	接收单位	邀请单位
	(公章) 单位(项目)负责人 年 月 日	(公章) 单位(项目)负责人 年 月 日	(公章) 单位(项目)负责人 年 月 日

本表由施工单位填写。

单位(子单位)工程质量控制资料核查记录 C10－4

单位工程名称				编号	
施工单位					

序号	资料名称	份数	核查意见	核查人
1	图纸会审、设计变更通知单、工程洽商记录（技术核定单）			
2	工程定位测量、交桩记录、放线记录、复核记录			
3	施工组织设计、施工方案及审批记录			
4	原材料出厂合格证及进场检(试)验报告			
5	成品、半成品出厂合格证及试验报告			
6	施工试验报告及见证检测报告			
7	隐蔽工程验收记录			
8	施工记录			
9	试验记录			
10	工程质量事故及事故调查处理资料			
11	分项、分部工程质量验收记录			
12	新材料、新工艺施工记录			

检查结论：

施工总承包单位项目经理　　　　　　　　　　　　　监理工程师
　　　　　　　　　　　　　　　　　　　　　　（建设单位项目技术负责人）

　　　　　　年 月 日　　　　　　　　　　　　　　　　年 月 日

本表由施工单位填写。

单位(子单位)工程安全和功能检验资料核查及主要功能抽查记录 C10 – 5

单位工程名称						编号	
施工单位							

序号	安全和功能检查项目	份数	核查意见	抽查结果	核查人
1					
2					
3					
4					
5					
6					
7					
8					
9					
10					
11					
12					
13					
14					

检查结论:

施工总承包单位项目经理

监理工程师
(建设单位项目技术负责人)

年 月 日   年 月 日

本表由施工单位填写。

单位(子单位)工程观感质量检查记录 C10-6

单位工程名称				编号		
施工单位						

序号	项目	抽查质量状况	质量评价		
			好	一般	差
1					
2					
3					
4					
5					
6					
7					
8					
9					
10					
11					
12					
13					
观感质量综合评价					

检查结论:

施工总承包单位项目经理　　　　　　　　　　　　监理工程师
　　　　　　　　　　　　　　　　　　　　　　(建设单位项目技术负责人)

　　　　　　　　　　　　　　年　月　日　　　　　　　　年　月　日

本表由施工单位填写。

工程质量竣工验收证书 C10－7

工程名称			对工程的质量评价	
施工单位				
开工日期	年　月　日			
竣工日期	年　月　日			
合同造价（万元）				
施工决算（万元）			竣工验收日期	年　　月　　日
验收范围及数量：			参加竣工验收单位意见	
			建设单位	签名：　（盖章）
			设计单位	签名：　（盖章）
			监理单位	签名：　（盖章）
			施工单位	签名：　（盖章）
存在问题及处理意见：			勘察单位	签名：　（盖章）
			邀请单位	签名：　（盖章）

本表由施工单位填写，该表为 A3 纸。

市政工程移交书 C10 - 8

市政工程移交书

工程名称：_____

合同编号：_____

一、道路、排水工程概况

工程名称				工程地址				
建设单位				设计单位				
监理单位				施工单位				
开工日期			年 月 日	竣工日期			年 月 日	
道路红线总宽度(m)			道路总长(m)			道路总面积(m²)		
道路等级		□快速路 □主干路 □次干路 □支路						
道路设计横断面								
提交图纸		□竣工图						

	名称	材料	规格或结构形式	长(m)	宽或高(m)	面积(m²)
道路	1.机动车道路面	□水泥混凝土 □沥青混凝土				
	2.非机动车道路面	□水泥混凝土 □沥青混凝土				
	3.人行道					
	4.侧石					
	5.平石					
	6.树坑侧石					
	7.车行道隔离带					
	8.挡土墙					
	9.边坡					
	10.挡土墙栏杆					
	11.挡土墙落水管					

排水	1.管径(mm)					
	雨水管道长度(m)					
	污水管道长度(m)					
	2.检查井	类型	材质	规格	数量(座或个)	
	3.涵洞	底宽　m	底宽　m	底宽　m		
	涵洞长度(m)					
	其他设施量					
	合同总造价(元)					

注:设施量较多时可以增加附页。

二、桥梁工程概况

工程名称			
工程地址		道路等级	
建设单位		设计单位	
监理单位		施工单位	
开工日期	年　月　日	竣工日期	年　月　日
结构形式		设计荷载	
		验算荷载	
提交图纸	□竣工图	抗震烈度	

正斜角度		设计水位(m)		最高水位(m)	
桥梁总长(m)		桥梁总宽(m)		桥面铺装面积(m²)	
设计横断面					
跨径组合					

名称	材料	规格或结构型式	长(m)	宽、高(m)	面积(m²)
车行道					
人行道					
侧石					
栏杆					

	部位	结构型式	尺寸(m×m×m)(宽×高×长)	数量
上部结构	主梁			
	横梁			
	支座			
	伸缩缝			

	部位	型式	标高(m)	盖梁、台帽	基底标高	底板尺寸	基桩尺寸
下部结构	桥墩						
	桥台			翼墙型式		翼墙长度	

其他设施量	
合同总造价(元)	

注: 设施量较多时可以增加附页,涵洞、挡土墙工程量填入道路、排水工程概况表。

三、单位意见及签章

建设单位	监理单位
意见： （公章） 负责人（签名）： 年　月　日	意见： （公章） 项目总监理工程师（签名）： 年　月　日
质量监督单位	施工单位
意见： （公章） 负责人（签名）： 年　月　日	意见： （公章） 项目负责人（签名）： 年　月　日
监管单位	养护单位
意见： （公章） 负责人（签名）： 年　月　日	意见： （公章） 负责人（签名）： 年　月　日
邀请单位	
意见： （公章） 负责人（签名）： 年　月　日	

四、施工资料移交书 C10 - 9

道路工程竣工资料移交记录

工程名称：

序号			内容	页数	备注
移交时间				电话	
移交单位		经办人			
接收单位		经办人			

排水工程竣工资料移交记录

工程名称：

序号		内容	页数	备注
移交时间				电话
移交单位		经办人		
接收单位		经办人		

桥梁工程竣工资料移交记录

工程名称：

序号			内容	页数	备注
移交时间				电话	
移交单位		经办人			
接收单位		经办人			

第十二章 竣工图(D类)内容与要求

竣工图是建设工程竣工档案中最重要的部分,是工程建设完成后主要的凭证性材料,是建筑物真实的写照,是工程竣工验收的必备条件,是工程维修、管理、改造、扩建的依据,各项新建、改建、扩建项目均必须编制竣工图,竣工图由建设单位委托施工单位、监理单位或设计单位进行绘制。

第一节 竣工图的内容及基本要求

竣工图应包括与施工图相对应的全部图纸及根据工程竣工情况需要补充的图纸。

各专业竣工图按专业和系统分别进行整理,主要包括道路工程竣工图,桥梁工程竣工图,隧道、城市轨道交通、管道工程竣工图、厂(场)站工程竣工图等。基本要求如下。

(1)竣工图均按单位工程进行整理。

(2)竣工图应加盖竣工图章或绘制竣工图签,竣工图签用于绘制的竣工图。竣工图章用于施工图改作的竣工图和二底图改绘的竣工图。

竣工图签除具备竣工图章上的内容外,还应有工程名称、图名、图号、工程号等项内容(见图12-1)。

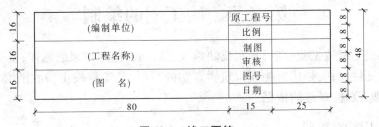

图12-1 竣工图签

竣工图章应有明显的"竣工图"标识。包括有编制单位名称、制图人、审核人、技术负责人和编制日期等内容。编制单位、制图人、审核人、技术负责人要对竣工图负责(见图12-2)。实施监理的工程,应有监理单位名称、现场监理、总监理工程师等标识(见图12-3)。监理单位、总监和现场监理应对工程档案的监理工作负责。

(3)凡工程现状与施工图不相符的内容,均须按工程现状清楚、准确地在图纸上予以修正。如在工程图纸会审、设计交底时修改的内容、工程洽商或设计变更修改的内容,施工过程中建设单位和施工单位双方协商修改(无工程洽商)的内容等均须如实地绘制在竣工图上,并注明洽商或设计变更编号。

(4)专业竣工图应包括各部位、各专业深化(二次)设计的相关内容,不得漏项或重复。

(5)凡结构形式改变、工艺改变、平面布置改变、项目改变以及其他重大改变,或者在一张图纸上改动部位超过1/3以及修改后图面混乱、分辨不清的图纸均应重新绘制。

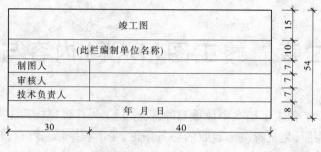

图 12-2　竣工图章(甲)

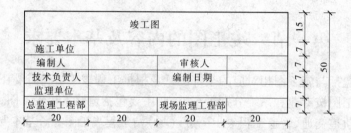

图 12-3　竣工图章(乙)

(6)管线竣工测量资料的测点编号、数据及反映的工程内容要编绘在竣工图上。

(7)编绘竣工图,必须采用不褪色的黑色绘图墨水。

第二节　竣工图的编制

竣工图是工程竣工验收后,真实反映建设工程项目施工结果的图样,是工程建设完成后的主要凭证性材料,是建筑物或构筑物真实的写照,是工程竣工验收的必备条件,是工程维修、管理、改建、扩建的依据。

一、竣工图的类型

竣工图有重新绘制的竣工图、在二底图(底图)上修改的竣工图、利用施工图改绘的竣工图这三种类型。

这三种类型的竣工图报送底图、蓝图均可。

(一)重新绘制的竣工图

工程竣工后,按工程实际重新绘制竣工图,虽然工作量大,但能保证质量。

重新绘制时,要求原图内容完整无误,修改内容也必须准确、真实地反映在竣工图上。绘制竣工图要按制图规定和要求进行,必须参照原施工图和该专业的统一图示,并在底图的右下角绘制竣工图签。

各种专业工程的总平面位置图,比例尺一般采用 1:500～1:10 000。管线平面图,比例尺一般采用 1:500～1:2 000。要以地形图为依托,摘要地形地物、标准坐标数据。

改、扩建及废弃管线工程在平面图上的表示方法如下。

(1)利用原建管线位置进行改造、扩建管线工程,要表示原建管线的走向、管材和管径,表示方法采用加注符号或文字说明。

(2)随新建管线而废弃的管线,无论是否移出埋设现场,均应在平面图上加以说明,并注明废弃管线的起、止点,坐标。

(3)新、旧管线勾头连接时,应标明连接点的位置(桩号)、高程及坐标。

管线竣工测量资料与其在竣工图上的编绘应注意:竣工测量的测点编号、数据及反映的工程内容(指设备点、折点、变径点、变坡点等)应与竣工图对应一致。并绘制检查井、小室、人孔、管件、进出口、预留管(口)位置、与沿线其他管线及设施的交叉点等。

重新绘制竣工图可以整套图纸重绘,可以部分图纸重绘,也可以某几张或一张图纸重新绘制。

(二)在二底图(底图)上修改的竣工图

在用施工蓝图或设计底图复制的二底图(硫酸纸)或原底图上,将工程洽商和设计变更的内容进行修改。修改后的二底图晒制的蓝图作为竣工图,是一种常用的竣工图绘制方法。

在二底图(底图)上修改的竣工图修改时应注意:

(1)在二底图上修改,要求在图纸上做一修改备考表,备考表的内容为洽商变更编号、修改内容、责任人和日期。

(2)修改的内容应与工程洽商和设计变更的内容相一致,主要是简要地注明修改部位和基本内容。实施修改的责任人要签字,并注明修改日期。

(3)二底图(底图)上的修改采用刮改,凡修改后无用的文字、数字、符号、线段均应刮掉,而增加的内容需全部准确地绘制在图上。

(4)修改后的二底图(底图)晒制的蓝图作为竣工图时,要在蓝图上加盖竣工图章。

(5)如果在二底图(底图)上修改的次数较多,个别图面如出现模糊不清等质量问题,需进行技术处理或重新绘制,以期达到图面整洁、字迹清楚等质量要求。

(三)利用施工图改绘的竣工图

利用施工图改绘的竣工图具体的改绘方法可视图面、改动范围和位置、繁简程度等实际情况而定。常用的改绘方法有杠改法、叉改法、补绘法、补图法和加写说明法。

(1)杠改法。

在施工蓝图上将取消或修改前的数字、文字、符号等内容用一横杠杠掉(不是涂改掉),在适当的位置补上修改的内容,并用带箭头的引出线标注修改依据,即"见××年××月××日洽商×条"或"见×号洽商×条"(见图12-4),用于数字、文字、符号的改变或取消。

(2)叉改法。

在施工蓝图上将去掉和修改前的内容,打叉表示取消,在实际位置补绘修改后的内容,并用带箭头的引出线标注修改依据,用于线段图形、图表的改变与取消。

具体修改如图12-5所示。

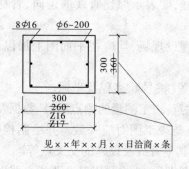

图 12-4　图上杠改图

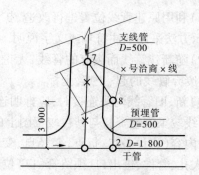

图 12-5　原图上直接叉改图

（3）补绘法。

在施工蓝图上将增加的内容按实际位置绘出，或者某一修改后的内容在图纸的绘大样图修改，并用带箭头的引出线在应修改部分和绘制的大样图处标注修改依据。适用于设计增加的内容、设计时遗漏的内容，在原修改部位修改有困难，需另绘大样修改。

具体修改如图 12-6 所示。

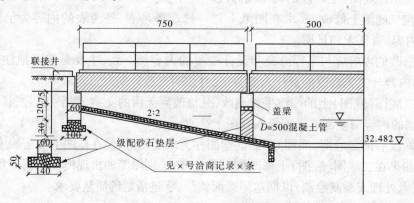

图 12-6　在图纸空白位置补绘大样图

（4）补图法。

当某一修改内容在原图无空白处修改时，采用把应改绘的部位绘制成补图，补在本专业图纸之后。具体做法是在应修改的部位注明修改范围和修改依据，在修改的补图上要绘图签，标明图名、图号、工程号等内容，并在说明中注明是某图某部位的补图，并写清楚修改依据。一般适用于难于在原修改部位修改和本图无空白处时某一剖面图大样图或改动较大范围的修改。

（5）加写说明法。

凡工程洽商、设计变更的内容应当在竣工图上修改的，均应用做图的方法改绘在蓝图上，一律不再加写说明，如果修改后的图纸仍然有些内容没有表示清楚，可用精炼的语言适当加以说明。一般适用于说明类型的修改、修改依据的标注等。

二、改绘竣工图应注意的问题

（1）原施工图纸目录必须加盖竣工图章，作为竣工图归档，凡有作废的图纸、补充的图纸、增加的图纸、修改的图纸，均要在原施工图目录上标注清楚。即作废的图纸在目录上杠掉，补充、增加的图纸在目录上列出图名、图号。

（2）按施工图施工而没有任何变更的图纸，在原施工图上加盖竣工图章，作为竣工图。

（3）如某一张施工图由于改变大，设计单位重新绘制了修改图的，应以修改图代替原图，原图不再归档。

（4）凡是洽商图作为竣工图的，必须进行必要的制作。

如洽商图是按正规设计图纸要求进行绘制的，可直接作为竣工图，但需统一编写图名图号，并加盖竣工图章，作为补图。在图纸说明中注明此图是哪图哪个部位的修改图，还要在原图修改部位标注修改范围，并标明见补图的图号。

如洽商图未按正规设计图纸要求绘制，应按制图规定另行绘制竣工图，其余要求同上。

（5）某一洽商可能涉及两张或两张以上图纸，某一局部变化可能引起系统变化，凡涉及的图纸及部位均应按规定修改，不能只改其一，不改其二。

（6）不允许将洽商的附图原封不动地贴在或附在竣工图上作为修改。凡修改的内容均应改绘在蓝图上或用做补图的办法附在本专业图纸之后。

（7）某一张图纸，根据规定的要求，需要重新绘制竣工图时，应按绘制竣工图的要求制图。

（8）改绘注意事项。

修改时，字、线、墨水使用的规定：

字：采用仿宋字，字体的大小要与原图采用的字体大小相协调，严禁错、别、草字。

线：一律使用绘图工具，不得徒手绘制。

墨水：使用黑色墨水。严禁使用圆珠笔、铅笔和非黑色墨水。

改绘用图的规定：改绘竣工图所用的施工蓝图一律为新图，图纸反差要明显，以适应缩微、计算机输入等技术要求。凡旧图、反差不好的图纸不得作为改绘用图。

修改方法的规定：施工蓝图的改绘不得用刀刮、补贴等办法修改，修改后的竣工图不得有污染、涂抹、覆盖等现象。

修改内容和有关说明均不得超过原图框。

三、竣工图章（签）

（1）竣工图章（签）应具有明显的"竣工图"字样，并包括有编制单位名称、制图人、审核人、技术负责人和编制日期等项内容，见图12-2。如工程监理单位实施对工程档案编制工作进行监理，在竣工图章上还应有监理单位名称、现场监理、总监理工程师等项内容，见图12-3。应按本章第一节规定的格式与大小制作竣工图章。竣工图签也可以参照竣工图章的内容进行绘制，但要增加工程名称、图名、图号及注意保留原施工图工程号、原图编号等项目内容(见图 12-1)。

(2)竣工图章(签)的位置。

重新绘制的竣工图应绘制竣工图签,图签位置在图纸右下角。

用施工图改绘的竣工图,将竣工图章加盖在原图签右上方,如果此处有内容,可在原图签附近空白处加盖,如原图签周围均有内容,可找一内容比较少的位置加盖。

用二底图修改的竣工图,应将竣工图章盖在原图签右上方。

(3)竣工图章(签)是竣工图的标志和依据,要按规定填写图章(签)上各项内容。加盖竣工图章(签)后,原施工图转化为竣工图,竣工图的编制单位、制图人、审核人、技术负责人以及监理单位要对本竣工图负责。

(4)原施工蓝图的封面、图纸目录也要加盖竣工图章,作为竣工图归案,并置于各专业图纸之前。重新绘制的竣工图的封面、图纸目录,不必绘制竣工图签。

第三节　竣工图的折叠方法

一、一般要求

(1)图纸折叠前要按裁图线裁剪整齐,其图纸幅面均须符合表 12-1 的规定:

表 12-1　图纸幅面规定　　　　　　　　　　(单位:mm)

基本幅面代号	0#	1#	2#	3#	4#
$b \times L$	841 × 1 189	594 × 841	420 × 594	297 × 420	297 × 210
c	10			5	
a	25				

图框及图纸边线尺寸示意图如图 12-7 所示。

在市政基础设施工程中常使用的一种条形图(带状图),一般采用 2# 或 4# 幅面(高420 mm、297 mm),个别的也有用 1# 幅面(高 594 mm)。

(2)图向折向内,呈手风琴风箱式。

(3)折叠后幅面尺寸应以 4# 图纸基本尺寸(297 mm × 210 mm)为标准。

(4)图标及竣工图章露在外面。

(5)3#、2#、1#、0# 图纸在装订边 297 mm 处折一三角或剪一缺口,折进装订边。

二、折叠方法

(1)4# 图纸不折叠;

(2)3# 图纸折叠如图 12-8 所示(图中序号表示折叠次序,虚线表示折起的部位,余同);

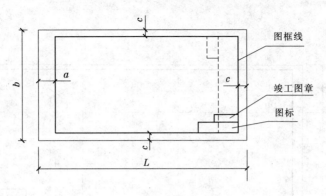

注:1. 尺寸代号见表 12-1

2. 尺寸单位为 mm

图 12-7　图框及图纸边线尺寸示意图

(3)2#图纸折叠如图 12-9 所示;

(4)1#图纸折叠如图 12-10 所示;

(5)0#图纸折叠如图 12-11 所示。

三、工具使用

图纸折叠前,准备好一块略小于 4#图纸尺寸(一般为 292 mm × 205 mm)的模板。折叠时,先把图板放在定位线上,然后按照折叠方法的编号顺序依次折叠(先横向,再纵向)。

四、条形(带状)图纸的折叠方法

条形(带状)图的规格有宽为 297 mm 和宽为 594 mm 两种幅面。

(1)b(宽) = 297 mm 图纸折叠如图 12-12 所示;

(2)b(宽) = 594 mm 图纸折叠如图 12-13 所示。

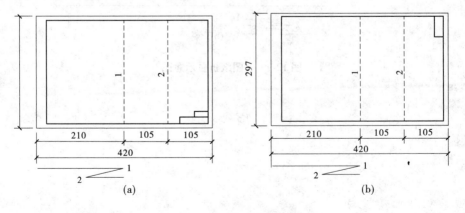

图 12-8　3#图纸折叠示意图

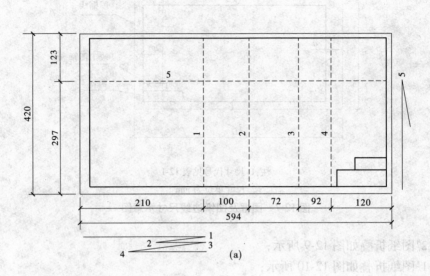

(a)

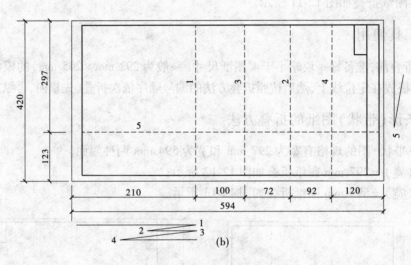

(b)

图 12-9　2[#]图纸折叠示意图

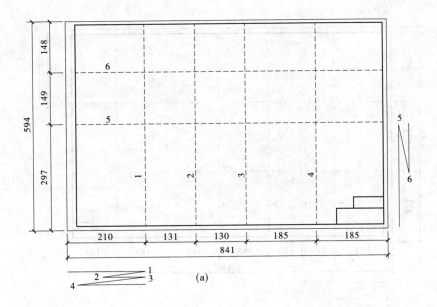

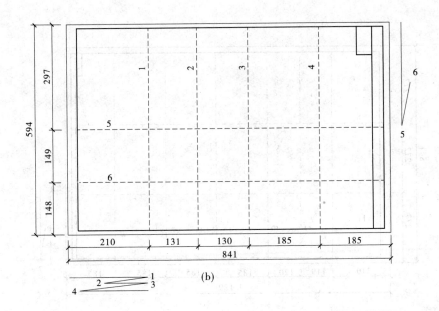

图 12-10　1#图纸折叠示意图

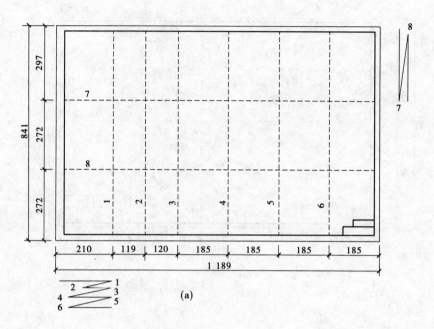

(a)

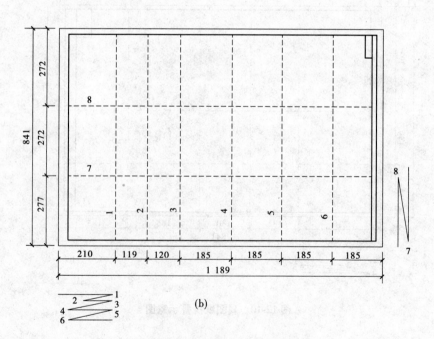

(b)

图 12-11 0#图纸折叠示意图

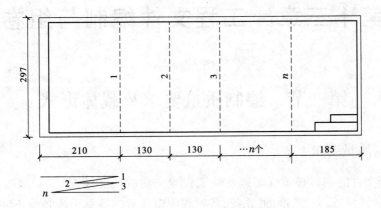

图 12-12　$b(宽) = 297$ mm **图纸折叠示意图**

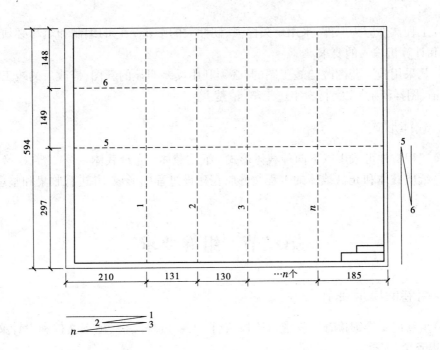

图 12-13　$b(宽) = 594$ mm **图纸折叠示意图**

第十三章　工程文件编制与组卷

第一节　编制质量要求及载体形式

一、编制质量要求

（1）工程文件的内容必须真实地反映工程竣工后的实际情况,具有永久和长期保存价值的文件材料,必须完整、准确、系统,各种程序责任者的签章手续必须齐全。

（2）工程文件必须使用原件,如有特殊原因不能使用原件的,应在复印件或抄件上盖章并注明原件存放处。

（3）工程文件的签字必须使用档案规定用笔。工程文件应采用打印的形式并手工签字。

（4）工程文件应为原件,采用耐久性强、韧性大的纸张。它的编制和填写必须适应档案管理和计算机输入的要求。

（5）凡采用施工蓝图改绘竣工图的,必须利用反差明显的新图,修改后的竣工图必须图面整洁、图样清晰,文字材料字迹工整、清楚。

二、载体形式

（1）工程文件可采用以下两种载体形式：纸质载体、光盘载体。

（2）纸质载体和光盘载体的工程文件应在建设过程中形成,并进行收集和整理,包括工程音像资料。

第二节　组卷要求

一、组卷的质量要求

（1）组卷前要详细检查工程准备阶段文件、工程监理文件、施工文件和设计文件,按要求收集齐全、完整。

（2）绘制的竣工图图面整洁、线条字迹清楚,修改符合技术要求,图纸反差良好,能满足计算机扫描的要求。

（3）达不到质量要求的文字材料和图纸一律重做。

二、组卷的基本原则

（1）建设项目按单位工程组卷。

（2）工程文件应按工程准备阶段文件、工程监理文件、施工文件和竣工图分别进行组卷，施工文件还应按专业分类，以便于保管和利用。

（3）工程文件应根据第三章第一节工程文件分类要求的保存单位和第三章第四节专业工程分类编码参考表进行组卷。

（4）卷内资料排列顺序要根据卷内的资料构成而定，一般顺序为：封面、目录、文件部分、备考、封底。组成的案卷力求美观、整齐。

（5）卷内资料若有多种资料时，同类资料按日期顺序，不同资料之间的排列顺序可参照第三章第一节工程文件分类的编号顺序排列。

三、组卷的具体要求

（1）工程准备阶段文件可根据数量的多少组成一卷或多卷，如工程项目报批卷、用地拆迁卷、地质勘探报告卷、工程竣工总结卷、工程照片卷、录音录像卷等。每部分根据资料多少又可以组成一卷或多卷。

（2）工程监理文件部分可根据资料数量的多少组成一卷或多卷，如监理验收资料卷、监理月报卷等，每部分可根据资料多少还可组成一卷或多卷。

（3）施工文件中可根据保存单位和资料数量多少汇总组成一卷或多卷；也可按保存单位和第三章第四节专业工程分类编码参考表的类别进行组卷，并根据资料数量的多少组成一卷或多卷。

（4）竣工图部分按专业工程进行组卷。可分综合图卷、道路、桥梁、给水、污水、燃气、热力、厂、场、站卷、每一专业工程根据专业竣工图内容要求及图纸张数多少可组成一卷或多卷。

（5）文字材料和图纸材料原则上不能混装在一个装具内，如文件材料较少需装在一个装具内时，文字材料和图纸材料必须装订在一起，文字在前，图纸在后。

（6）工程文件案卷的封面见本章第四节。

四、案卷页号的编写

（1）编写页号以独立卷为单位，在案卷内文件材料排列顺序确立后，均以有书写内容的页面编写页号。

（2）每卷从001（阿拉伯数字）开始用打号机依次逐张编写页号，采用黑色油墨或墨水。案卷封面、卷内目录、卷内备考表不编写页号。

（3）工程文件页号编写位置：单面书写的文字材料的页号编写在右下角，双面书写的文字材料页号正面编写在右下角，背面编写在左下角。

（4）竣工图纸折叠后无论何种形式，一律编写在右下角。

第三节　封面及目录

一、工程文件封面的编制

(1)案卷封面:包括名称、案卷题名、编制单位、技术负责人、编制日期、保管期限、密级(以上由移交单位填写)、共　册第　册等。

(2)名称:填写建设工程项目竣工后使用名称。若本工程为几个单位工程,应在第二行填写单位工程名称。

(3)案卷题名:填写本卷名。应能简明、准确地揭示卷内文件的内容,第一行填写案卷的具体标题,如该单位工程的基建文件、监理文件、施工文件、综合图、专业竣工图、工艺竣工图等。若基建文件、施工文件、各专业竣工图等又分若干卷,可在卷名后加本卷具体题名和组卷编码。如施工文件——路基工程卷(D1),第二行填写本卷包含的资料名称或编号。

(4)编制单位:本卷文件材料的形成单位或主要责任者,并盖章。

(5)技术负责人:编制单位技术负责人、总(主任)工程师签名。

(6)编制日期:填写卷内文件材料形成的起止日期。

二、工程文件卷内目录的编制

填写的目录应与案卷内容相符,排列在卷内文件首页之前,原文件目录及文件图纸目录不能代替。

(1)编制单位:案卷编制单位。

(2)序号:按卷内文件排列先后用阿拉伯数字从1开始依次标注。

(3)文件名称:即表格和图纸名称,无标题或无相应表格的文件应根据内容拟写标题。

(4)文件编号:表格编号和图纸编号。

(5)文件内容:文件的摘要内容。

(6)编制日期:文件的形成日期(文字材料为原文件形成日期),汇总表为汇总日期,竣工图为编制日期。

(7)页次:填写每份文件材料在本案卷页次或起止页次。

(8)备注:填写需要说明的问题。

三、工程文件卷内备考表的编制

工程文件卷内备考表内容包括卷内未见材料张数,文字材料张数,图样材料张数,照片张数,对案卷完整、准确情况的说明等。立卷单位的立卷人、审核人及资料保存接收单位的接收人、技术审核人应签字。

四、工程文件移交书

工程文件移交书是工程文件进行移交的凭证,应有移交日期和移交单位、接收单位的签章。

五、案卷脊背的编制

案卷脊背的项目有档号、案卷题名,由保存单位填写;工程档案的案卷脊背由城建档案馆填写。

第四节　封面、目录、卷内备考表、城建档案移交书、工程文件移交目录样表

一、工程文件封面

××××工程×标

竣 工 文 件

【×××卷】

第×册　共×册

开工日期：　　　年　　　月　　　日

竣工日期：　　　年　　　月　　　日

编制单位：

法 定 代 表 人：

单位技术负责人：

项 目 负 责 人：

二、工程文件卷内目录

单位工程技术文件目录表

单位工程名称：　　　　　　　　　　　　　　　　共　页　第　页

序号	文件编号	类别	项目	页号	附录

三、工程文件卷内备考表

工程文件卷内备考表

　　本案卷共有文件材料_____页,其中:文字材料_____页,图样材料_____页,照片_____张。

　　说明:

　　　　　　　　　　　　　立卷人:

　　　　　　　　　　　　　审核人:

　　　　　　　　　　　　　日　期:

四、工程文件移交书

城建档案移交书

　　兹向市城建档案馆移交_____工程竣工档案一套,共计_____卷。其中通用卷_____卷,道路工程_____卷,排水工程_____卷,箱涵工程_____卷,电缆沟_____卷,监理认证_____卷,施工日志_____卷。

　　附:建设工程档案移交清单一份

移交单位:

移　交　人:　　　　　　　　　　　　　　　　　　　　联系电话:

负　责　人:

接收单位:

接　收　人:

负　责　人:

移交接收时间:　　　　　年　　　　月　　　　日

五、工程文件移交目录

工程文件移交目录

序号	工程项目名称	案卷题名	形成年份	数量						备注
				文字材料		图样材料		综合卷		
				册	张	册	张	册	张	

注:综合卷指文字和图样材料混装的案卷。

第五节 市政基础设施工程文件归档目录及顺序

建设单位文件

序号	归档内容	备注
一	决策立项文件	
1	项目建议书	A1－1
2	项目建议书的批复文件	A1－2
3	可行性研究报告及附件	A1－3
4	可行性研究报告的批复文件	A1－4
5	关于立项的会议纪要、领导批示	A1－5
6	工程立项的专家建议资料	A1－6
7	项目评估研究资料	A1－7
8	环境预测、调查报告	A1－8
9	建设项目环境影响报告表	A1－9
二	建设用地、征地、拆迁文件	
1	选址申请及选址规划意见通知书	A2－1
2	建设用地批准文件	A2－2
3	拆迁安置意见、协议、方案等	A2－3
4	建设用地规划许可证及其附件	A2－4
5	国有土地使用证	A2－5
6	划拨建设用地文件	A2－6
三	勘察、测绘、设计文件	
1	工程地质勘察报告	A3－1
2	水文地质勘察报告、自然条件、地震调查	A3－2
3	建设用地钉桩通知单(书)	A3－3
4	地形测量和拨地测量成果报告	A3－4
5	审定设计方案通知书及审查意见	A3－5
6	审定设计方案通知书要求征求有关部门的审查意见和要求取得的有关协议	A3－6
7	初步设计图及设计说明	A3－7
8	技术设计图及设计说明	A3－8
9	施工图设计文件审查通知书及审查报告	A3－9

建设单位文件

序号	归档内容	备注
10	施工图及设计说明	A3－10
四	招投标及合同文件	
1	勘察招投标文件	A4－1
2	勘察合同	A4－2
3	设计招投标文件	A4－3
4	设计合同	A4－4
5	监理招投标文件	A4－5
6	监理合同	A4－6
7	施工招投标文件	A4－7
8	施工合同	A4－8
五	开工审批文件	
1	建设项目列入年度计划的申报文件	A5－1
2	建设项目列入年度计划的批复文件或年度计划项目表	A5－2
3	规划审批申报表及报送的文件和图纸	A5－3
4	建设工程规划许可证及其附件	A5－4
5	建设工程施工许可证及其附件	A5－5
6	建设工程开工审查表	A5－6
7	投资许可证、审计证明、缴纳绿化建设费等证明	A5－7
8	工程质量监督手续	A5－8
六	财务文件	
1	工程投资估算文件	A6－1
2	工程设计概算文件	A6－2
3	工程施工图预算文件	A6－3
4	施工预算文件	A6－4
七	建设、施工、监理机构及负责人	
1	工程项目管理机构(项目经理部)及负责人名单	A7－1
2	工程项目监理机构(项目监理部)及负责人名单	A7－2
3	工程项目施工管理机构(施工项目经理部)及负责人名单	A7－3

工程监理文件

序号	归档内容	备注
一	监理管理文件	
1	总监理工程师授权书	B1－1
2	监理规划	B1－2
3	监理实施细则	B1－3
4	监理月报	B1－4
5	监理会议纪要	B1－5
6	监理工作日志	B1－6
7	监理工作总结	B1－7
8	工作联系单	B1－8
9	监理工程师通知	B1－9
10	监理工程师通知回复单	B1－10
11	工程分包单位(供货单位、试验单位)报审表	B1－11
二	进度控制文件	
1	工程开工/复工报告及报审表	B2－1
2	工程开工/复工暂停令及报审表	B2－2
三	质量控制文件	
1	质量事故报告及处理资料	B3－1
2	不合格项目通知、反馈及处理意见	B3－2
3	旁站监理记录	B3－3
4	见证取样和送检见证人员备案表	B3－4
5	见证记录	B3－5
6	工程技术文件报审表	B3－6
四	造价控制文件	
1	工程款支付申请表	B4－1
2	工程款支付证书	B4－2
3	工程变更费用报审表	B4－3
4	费用索赔申请表	B4－4
5	费用索赔审批表	B4－5
6	工程竣工决算审核意见书	B4－6
五	合同管理文件	

工程监理文件

序号	归档内容	备注
1	委托监理合同	B5－1
2	工程延期报告及报审表	B5－2
3	合同争议、违约报告及处理意见	B5－3
六	竣工验收文件	
1	单位(子单位)工程竣工预验收报验表	B6－1
2	单位(子单位)工程质量竣工预验收记录	B6－2
3	单位(子单位)工程质量控制资料核查记录	B6－3
4	单位(子单位)工程安全和功能检验资料核查及主要功能抽查记录	B6－4
5	单位(子单位)工程观感质量检查记录	B6－5
6	工程质量评估报告	B6－6
7	监理资料移交书	B6－7

市政道路工程文件

序号	归档内容	备注
(一)	工程开工前文件	
1	中标通知书	
2	施工合同	A4－8
3	图纸审查报告	A3－9
4	建设工程施工许可证	A5－5
5	开工报告及报审表	C3－1、C3－2
6	建设工程安全备案证	
7	工程质量监督计划书	A5－8
(二)	工程竣工验收文件	
1	竣工验收证书	C10－7
2	竣工报告及竣工总结	C10－1
3	单位(子单位)工程竣工预验收报验表	C10－2
4	单位(子单位)工程质量竣工验收记录	C10－3
5	单位(子单位)工程质量控制资料核查记录	C10－4
6	单位(子单位)工程安全和功能检验资料核查及主要功能抽查记录	C10－5
7	单位(子单位)工程观感质量检查记录	C10－6
(三)	施工技术文件	
1	施工组织设计及审批表、报审表	C2－2～C2－4
2	施工方案及技术措施	C2－2
3	施工图设计文件会审记录	C2－6
4	施工技术交底记录、安全交底记录	C2－7～C2－9
5	试验室资质证书及计量认证证书复印件	
(四)	材料、半成品、构配件、设备进场检验,复试文件	
1	主要原材料、构配件出厂证明及复试报告目录	C4－2
2	材料、构配件进场检验记录	C4－4－1
3	有见证试验汇总表	C4－5－1
4	见证记录	C4－5－2
5	水泥检验报告	C4－5－4
6	水泥出厂合格证及28天强度报告	C4－3－5
7	钢材试验报告	C4－5－5
8	钢筋出厂合格证	C4－3－6
9	砂试验报告	C4－5－6
10	卵(碎)石试验报告	C4－5－7
11	掺和料试验报告	C4－5－12

市政道路工程文件

序号	归档内容	备注
12	外掺剂试验报告	C4－5－13
13	预拌混凝土出厂合格证	C4－3－2
14	沥青试验报告	C4－5－14
15	道路石油沥青出厂合格证	C4－3－10
16	沥青胶结材料检验报告	C4－5－15
17	沥青混合料用粗集料、细集料、矿粉试验报告	C4－5－16 ~ C4－5－18
18	热拌沥青混合料出厂合格证	C4－3－9
19	石灰、粉煤灰检验报告	C4－5－9、C4－5－10
20	石灰、粉煤灰出厂合格证	C4－3－7
21	砌筑块(砖)检验报告	C4－5－5
22	砖出厂合格证	C4－3－11
23	路用小型预制构件检验报告(道牙、道板、侧石、平石)	C7－2－10、 C7－2－11
24	路用小型预制构件出厂合格证	C4－3－12
25	其他材料检验报告	
(五)	施工试验检验文件	
1	压实度(密度)、强度试验资料	
1.1	土壤液塑限联合测定记录	C7－2－1
1.2	土壤最大干密度与最佳含水量试验报告	C7－2－2
1.3	路基回填土、路床、道路基层压实度资料	C7－2－3、C7－2－4、 C7－3－3
1.4	石灰(水泥)类无机混合料中石灰(水泥)剂量检验报告	C7－3－1
1.5	道路基层混合料抗压强度试验记录	C7－3－2
1.6	沥青混合料压实度(蜡封法)试验记录(各层)	C7－3－4
1.7	道路附属构筑物及其他压实度和强度试验资料	
2	水泥混凝土抗压、抗渗强度、抗渗、抗冻性能试验资料	
2.1	混凝土配合比申请单、通知单	C7－2－9
2.2	试块抗压、抗折强度统计评定资料,汇总表	C7－2－13、C7－2－14
2.3	试块抗压、抗折强度、抗渗、抗冻性能试验报告	C7－2－10 ~ C7－2－12
3	水泥砂浆试块强度试验报告	
3.1	砂浆配合比申请单、通知单	C7－2－5
3.2	砂浆试块强度统计评定资料、汇总表	C7－2－7、C7－2－8

市政道路工程文件

序号	归档内容	备注
3.3	砂浆试块抗压强度试验报告	C7-2-6
4	钢筋焊接接头检(试)验报告	
4.1	焊缝质量综合评价汇总表	C6-3-2
4.2	钢筋焊接、机械连接接头检(试)验报告	C7-2-15、C7-2-16
4.3	焊工上岗证(复印件盖用人单位章)	
(六)	施工记录	
1	沥青混合料到场及摊铺测温记录	C6-2-24
2	沥青混合料碾压温度检测记录	C6-2-25
3	混凝土浇筑记录	C6-2-20
4	箱涵顶(推)进记录	C6-2-26
5	其他施工记录	
(七)	施工测量检测记录	
1	交桩记录	
2	导线点测量复核记录和水准点复测记录	C5-1、C5-2
3	定位测量记录	C5-3
4	测量复核记录	C5-4
5	水准测量成果表	C5-5
(八)	隐蔽工程检查验收记录	C6-1-1
(九)	施工质量验收记录	
1	检验批质量验收记录	C9-1
2	分项工程质量验收记录	C9-2
3	分部(子分部)工程质量验收记录	C9-3
(十)	功能试验记录	
1	回弹弯沉记录	C8-1-1
2	弯沉不合格点处理报告及压实度记录	
(十一)	建设工程质量事故调查、勘查记录、报告书	C1-4、C1-9
(十二)	工程竣工测量资料	C5-7
(十三)	设计变更通知单、洽商记录、竣工图(含编制说明)	C2-10、C2-11、D

排水工程文件

序号	归档内容	备注
（一）	工程开工前文件	
1	中标通知书	
2	施工合同	A4－8
3	图纸审查报告	A3－9
4	建设工程施工许可证	A5－5
5	开工报告及报审表	C3－1、C3－2
6	建设工程安全备案证	
7	工程质量监督计划书	A5－8
（二）	工程竣工验收文件	
1	竣工验收证书	C10－7
2	竣工报告及竣工总结	C10－1
3	单位(子单位)工程竣工预验收报验表	C10－2
4	单位(子单位)工程质量竣工验收记录	C10－3
5	单位(子单位)工程质量控制资料核查记录	C10－4
6	单位(子单位)工程安全和功能检验资料核查及主要功能抽查记录	C10－5
7	单位(子单位)工程观感质量检查记录	C10－6
（三）	施工技术文件	
1	施工组织设计及审批表、报审表	C2－2～C2－4
2	施工方案及技术措施	C2－2
3	施工图设计文件会审记录	C2－6
4	施工技术交底记录、安全交底记录	C2－7～C2－9
5	试验室资质证书及计量认证证书复印件	
（四）	材料、半成品、构配件、设备进场检验,复试文件	
1	主要原材料、构配件出厂证明及复试报告目录	C4－2
2	材料、构配件进场检验记录	C4－4－1
3	有见证试验汇总表	C4－5－1
4	见证记录	C4－5－2
5	水泥检验报告	C4－5－4
6	水泥出厂合格证及28天强度报告	C4－3－5
7	钢材试验报告	C4－5－5
8	钢筋出厂合格证	C4－3－6
9	砂试验报告	C4－5－6

排水工程文件

序号	归档内容	备注
10	卵(碎)石试验报告	C4－5－7
11	掺和料试验报告	C4－5－12
12	外掺剂试验报告	C4－5－13
13	预拌混凝土出厂合格证	C4－3－2
14	砌筑块(砖)检验报告	C4－5－5
15	砖出厂合格证	C4－3－11
16	石灰、粉煤灰检验报告	C4－5－9、C4－5－10
17	石灰、粉煤灰出厂合格证	C4－3－7
18	各类管道检验报告	C4－5－6～C4－5－29
19	各类管道出厂合格证	
20	检查井盖、井框、雨水箅子、爬梯出厂检验报告	
21	检查井盖、井框、雨水箅子、爬梯出厂合格证	
22	其他材料检验报告	
(五)	施工试验检验文件	
1	压实度(密度)、强度试验资料	
1.1	土壤液塑限联合测定记录	C7－2－1
1.2	土壤最大干密度与最佳含水量试验报告	C7－2－2
1.3	石灰(水泥)类无机混合料中石灰(水泥)剂量检验报告	C7－3－1
1.4	管道回填土压实度试验记录	C7－2－3、C7－2－4
2	水泥混凝土抗压、抗折强度、抗渗、抗冻性能试验资料	
2.1	混凝土配合比申请单、通知单	C7－2－9
2.2	试块抗压、抗折强度统计评定资料,汇总表	C7－2－13、C7－2－14
2.3	试块抗压、抗折强度、抗渗、抗冻性能试验报告	C7－2－10～C7－2－12
3	水泥砂浆试块强度试验报告	
3.1	砂浆配合比申请单、通知单	C7－2－5
3.2	砂浆试块强度统计评定资料、汇总表	C7－2－7、C7－2－8
3.3	砂浆试块抗压强度试验报告	C7－2－6
4	钢筋焊接、连接检(试)验报告	
4.1	焊缝质量综合评价汇总表	C6－3－2
4.2	钢筋焊接、机械连接接头检(试)验报告	C7－2－15、C7－2－16

排水工程文件

序号	归档内容	备注
4.3	焊工上岗证（复印件盖用人单位章）	
（六）	施工记录	
1	顶管工程顶进记录	C6－3－12
2	构件吊装施工记录	C6－2－17
3	混凝土浇筑记录	C6－2－20
4	其他施工记录	
（七）	施工测量检测记录	
1	交桩记录	
2	导线点测量复核记录和水准点复测记录	C5－1、C5－2
3	定位测量记录	C5－3
4	测量复核记录	C5－4
5	水准测量成果表	C5－5
（八）	隐蔽工程检查验收记录	C6－1－1
（九）	施工质量验收记录	
1	检验批质量验收记录	C9－1
2	分项工程质量验收记录	C9－2
3	分部（子分部）工程质量验收记录	C9－3
（十）	功能试验记录	
1	无压力管道严密性试验	C8－2－15
（十一）	建设工程质量事故调查、勘查记录、报告书	C1－4、C1－9
（十二）	工程竣工测量资料	C5－7
（十三）	设计变更通知单、洽商记录、竣工图（含编制说明）	C2－10、C2－11、D

市政桥梁工程文件

序号	归档内容	备注
（一）	工程开工前文件	
1	中标通知书	
2	施工合同	A4－8
3	图纸审查报告	A3－9
4	建设工程施工许可证	A5－5
5	开工报告及报审表	C3－1
6	建设工程安全备案证	
7	工程质量监督计划书	A5－8
（二）	工程竣工验收文件	
1	竣工验收证书	C10－7
2	竣工报告及竣工总结	C10－1
3	单位（子单位）工程竣工预验收报验表	C10－2
4	单位（子单位）工程质量竣工验收记录	C10－3
5	单位（子单位）工程质量控制资料核查记录	C10－4
6	单位（子单位）工程安全和功能检验资料核查及主要功能抽查记录	C10－5
7	单位（子单位）工程观感质量检查记录	C10－6
（三）	施工技术文件	
1	施工组织设计及审批表、报审表	C2－2～C2－4
2	施工方案及技术措施	C2－2
3	施工图设计文件会审记录	C2－6
4	施工技术交底记录、安全交底记录	C2－7～C2－9
5	试验室资质证书及计量认证证书复印件	
（四）	材料、半成品、构配件、设备进场检验、复试文件	
1	主要原材料、构配件出厂证明及复试报告目录	C4－2
2	材料、构配件进场检验记录	C4－4－1
3	有见证试验汇总表	C4－5－1
4	见证记录	C4－5－2
5	水泥检验报告	C4－5－4
6	水泥出厂合格证及28天强度报告	C4－3－5
7	钢材试验报告	C4－5－5
8	钢筋出厂合格证	C4－3－6

市政桥梁工程文件

序号	归档内容	备注
9	预力筋复试报告	C4－5－24
10	砂试验报告	C4－5－6
11	卵(碎)石试验报告	C4－5－7
12	掺和料试验报告	C4－5－12
13	外掺剂试验报告	C4－5－13
14	预拌混凝土出厂合格证	C4－3－2
15	粉煤灰检验报告	C4－5－10
16	砌筑块(砖)检验报告	C4－5－5
17	砖出厂合格证	C4－3－11
18	路用小型预制构件检验报告	C7－2－10、C7－2－11
19	路用小型预制构件出厂合格证	C4－3－12
20	钢索检验报告	
21	钢索出厂合格证	
22	预应力筋用锚具联接器、支座伸缩装置合格证	
23	道路石油沥青检验报告	C4－5－14
24	道路石油沥青出厂合格证	C4－3－10
25	沥青胶结材料检验报告	C4－5－15
(五)	施工试验、检验文件	
1	压实度(密度)、强度试验资料	
1.1	土壤最大干密度与最佳含水量试验报告	C7－2－2
1.2	桥涵两侧回填土、路床、道路基层压实度资料	C7－2－3
1.3	石灰(水泥)类无机混合料中石灰(水泥)剂量检验报告	C7－3－1
1.4	道路基层混合料抗压强度试验记录	C7－3－2
1.5	沥青混合料压实度(蜡封法)试验记录(各层)	C7－3－4
1.6	道路附属构筑物及其他压实度和强度试验资料	
2	水泥混凝土抗压、抗渗强度、抗渗、抗冻性能试验资料	
2.1	混凝土配合比申请单、通知单	C7－2－9
2.2	试块抗压、抗折强度统计评定资料;汇总表	C7－2－13
2.3	试块抗压、抗折强度、抗渗、抗冻性能试验报告	C7－2－10
3	水泥砂浆试块强度试验报告	

市政桥梁工程文件

序号	归档内容	备注
3.1	砂浆配合比申请单、通知单	C7 - 2 - 5
3.2	砂浆试块强度统计评定资料、汇总表	C7 - 2 - 7、C7 - 2 - 8
3.3	砂浆试块抗压强度试验报告	C7 - 2 - 6
4	钢筋焊接接头检(试)验报告	
4.1	焊缝质量综合评价汇总表	C6 - 3 - 2
4.2	钢筋焊接、机械连接接头检(试)验报告	C7 - 2 - 15、C7 - 2 - 16
4.3	钢筋挤压接头单向拉伸性能检验报告	
4.4	超声波检测报告	C7 - 2 - 19
4.5	超声波检测记录	
4.6	钢构件射线探伤报告	
4.7	钢梁涂装前粗糙度评定测试报告	
4.8	钢结构涂装涂层干漆膜厚度检验评定报告	
4.9	钢梁焊接工艺评定及焊接工艺	
4.10	焊工上岗证(复印件盖用人单位章)	
5	钻孔桩检验报告	
5.1	钻孔桩灌注水下混凝土前检验报告	
5.2	钻孔桩岩芯检验报告	
5.3	钻孔桩桩身完整性检测报告	
5.4	钻孔桩承载力测试报告	
(六)	施工记录文件	
1	沉降观测记录	C5 - 6
2	混凝土浇筑记录	C6 - 2 - 20
3	混凝土测温记录	C6 - 2 - 21
4	沉井下沉施工记录	C6 - 2 - 3
5	钻(挖)孔桩混凝土灌注桩主要成果汇总表	
6	钻(挖)孔桩混凝土灌注桩钻进记录	
7	钻孔桩灌注水下混凝土检验汇总表	
8	钻孔桩灌注水下混凝土灌注记录	C6 - 2 - 9
9	沉入桩施工成果汇总表	
10	沉入桩检查记录	C6 - 2 - 20
11	静压沉入桩施工成果汇总表	

市政桥梁工程文件

序号	归档内容	备注
12	静压沉入桩施工记录	
13	导管水密试验报告	
14	钢筋工程施工记录(分基础、墩台、梁板、防撞栏杆等)	
15	伸缩缝制作安装记录	
16	预应力筋下料记录	
17	预应力张拉记录汇总表	
18	预应力张拉记录	
19	预应力张拉孔道压浆记录	
20	构件吊装施工记录	C6－2－12～C6－2－15
21	钢梁预拼装记录	C6－2－16
22	钢结构焊条烘焙记录	C6－2－17
23	高强度螺栓施拧记录(初拧、终拧)	
24	钢材表面除锈等级检查记录	
25	沥青混合料到场及摊铺、碾压测温记录	C6－2－24、C6－2－25
26	施工日志	C1－5
(七)	施工测量检测记录及预检记录	
1	交桩记录	
2	导线点测量复核记录和水准点复测记录	C5－1、C5－2
3	定位测量记录	C5－3
4	测量复核记录	C5－4
5	水准测量成果表	C5－5
6	预检工程检查记录	C6－1－2
7	交接检查记录	C6－1－3
(八)	隐蔽工程检查验收记录	C6－1－1
(九)	施工质量验收记录	
1	检验批质量验收记录	C9－1
2	分项工程质量验收记录	C9－2
3	分部(子分部)工程质量验收记录	C9－3
(十)	工程安全及功能性能检验文件	
1	预制混凝土构件(梁、板)结构性能检验报告	

市政桥梁工程文件

序号	归档内容	备注
2	桥梁锚具、夹具静载锚固性试验报告	
3	桥梁拉索超张拉检验报告	
4	桥梁拉索静载、动载试验报告	
5	高强度螺栓连接摩擦力试验报告	
6	结构应力监测报告	
7	桥梁静载、动载试验报告	
（十一）	建设工程质量事故调查、勘查记录、报告书	C1-4、C1-9
（十二）	工程竣工测量资料	C5-7
（十三）	设计变更通知单、洽商记录、竣工图（含编制说明）	C2-10

市政排水泵站工程文件

序号	归档内容	备注
（一）	工程开工前文件	
1	中标通知书	
2	施工合同	A4－8
3	图纸审查报告	A3－9
4	建设工程施工许可证	A5－5
5	开工报告及报审表	C3－1、C3－2
6	建设工程安全备案证	
7	工程质量监督计划书	A5－8
（二）	工程竣工验收文件	
1	竣工验收证书	C10－7
2	竣工报告及竣工总结	C10－1
3	单位(子单位)工程竣工预验收报验表	C10－2
4	单位(子单位)工程质量竣工验收记录	C10－3
5	单位(子单位)工程质量控制资料核查记录	C10－4
6	单位(子单位)工程安全和功能检验资料核查及主要功能抽查记录	C10－5
7	单位(子单位)工程观感质量检查记录	C10－6
（三）	施工技术文件	
1	施工组织设计及审批表、报审表	C2－2、C2－3、C2－4
2	施工方案及技术措施	C2－2
3	施工图设计文件会审记录	C2－6
4	施工技术交底记录、安全交底记录	C2－7～C2－9
5	试验室资质证书及计量认证证书复印件	
（四）	材料、半成品、构配件、设备进场检验,复试文件	
1	主要原材料、构配件出厂证明及复试报告目录	C4－2
2	材料、构配件进场检验记录	C4－4－1
3	有见证试验汇总表	C4－5－1
4	见证记录	C4－5－2
5	水泥检验报告	C4－5－4
6	水泥出厂合格证及28天强度报告	C4－3－5

市政排水泵站工程文件

序号	归档内容	备注
7	钢材试验报告	C4 – 5 – 5
8	钢筋出厂合格证	C4 – 3 – 6
9	砂试验报告	C4 – 5 – 6
10	卵(碎)石试验报告	C4 – 5 – 7
11	掺和料试验报告	C4 – 5 – 12
12	外掺剂试验报告	C4 – 5 – 13
13	预拌混凝土出厂合格证	C4 – 3 – 2
14	粉煤灰检验报告	C4 – 5 – 10
15	砌筑块(砖)检验报告	C4 – 5 – 5
16	砖出厂合格证	C4 – 3 – 11
17	各种管道、阀门、橡胶圈、启闭机、闸门等出厂检验报告	
18	成套设备及配件合格证	
19	其他材料出厂合格证	
(五)	施工试验、检验文件	
1	压实度(密度)、强度试验资料	
1.1	土壤最大干密度与最佳含水量试验报告	C7 – 2 – 2
1.2	回填土压实度资料	C7 – 2 – 3、C7 – 2 – 4、C7 – 3 – 3
1.3	地基、复合地基、挡土墙槽基承载力试验报告	
1.4	地基钎探记录	C6 – 2 – 2
2	水泥混凝土抗压、抗渗强度、抗渗、抗冻性能试验资料	
2.1	混凝土配合比申请单、通知单	C7 – 2 – 9
2.2	试块抗压、抗折强度统计评定资料;汇总表	C7 – 2 – 13、C7 – 2 – 14
2.3	试块抗压、抗折强度、抗渗、抗冻性能试验报告	C7 – 2 – 10 ~ C7 – 2 – 12
3	水泥砂浆试块强度试验报告	
3.1	砂浆配合比申请单、通知单	C7 – 2 – 5
3.2	砂浆试块强度统计评定资料、汇总表	C7 – 2 – 7、C7 – 2 – 8
3.3	砂浆试块抗压强度试验报告	C7 – 2 – 6
4	钢筋焊接接头检(试)验报告及其他检测报告	
4.1	焊缝质量综合评价汇总表	C6 – 3 – 2
4.2	钢筋焊接、机械连接接头检(试)验报告	C7 – 2 – 15、C7 – 2 – 16

市政排水泵站工程文件

序号	归档内容	备注
4.3	超声波检测报告	C7 - 2 - 19
4.4	超声波检测报告评定记录	C7 - 2 - 18
4.5	钢构件射线检测报告	C7 - 2 - 17
4.6	钢筋挤压接头单向拉伸性能检验报告	
4.7	桩基(钻孔灌注桩、沉入桩)承载力检验报告	
4.8	钻孔灌注桩完整性检验报告	
4.9	设备、钢构件、管道防腐层质量检查记录	C6 - 3 - 10
4.10	管道吹洗、消毒、脱脂检验记录	C8 - 2 - 12
4.11	补偿器冷拉试验记录	C6 - 3 - 9
4.12	电机试运行记录	C8 - 4 - 4
4.13	设备单机试运转记录	
(六)	施工记录	
1	水泥粉喷桩施工成果汇总表及施工记录	
2	石灰挤密桩施工记录	
3	沉入桩施工成果汇总表及施工记录	
4	静压沉入桩施工成果汇总表及施工记录	
5	钻(挖)孔混凝土灌注桩主要成果汇总表及施工记录	
6	钻孔桩灌注水下混凝土检验汇总表及施工记录	
7	地基验槽记录	
8	混凝土测温记录	C6 - 2 - 21
9	构件吊装施工记录	C6 - 2 - 17
10	补偿器安装记录	C6 - 3 - 8
11	运转设备试运行记录	C8 - 3 - 2
12	设备调试记录	C8 - 3 - 1
13	施工日志	C1 - 5
(七)	测量复核及预检文件	
1	交桩记录	
2	导线点测量复核记录和水准点复测记录	C5 - 1、C5 - 2
3	定位测量记录	C5 - 3
4	测量复核记录	C5 - 4
5	水准测量成果表	C5 - 5

市政排水泵站工程文件

序号	归档内容	备注
6	预检工程检查记录（现浇混凝土结构模板、设备安装前混凝土基础、补偿器预拉、导轨、闸门槽安装）	C6－1－2
7	（土建、安装）中间检查交接记录	C6－1－3
（八）	隐蔽工程检查验收文件	C6－1－1
（九）	工程安全及功能性检验文件	
1	现浇混凝土结构顶模支撑荷载试验报告	
2	预制混凝土构件结构性能检验报告	
3	水池、卫生器具满水试验记录	C8－3－7
4	厕所、浴室蓄水试验记录	
5	无压力管严密性试验记录	C8－2－15
6	压力管道强度及严密性试验验收记录（燃气）	C8－2－6～C8－2－9
7	阀门安装强度及严密性试验记录	
8	给水管道通水试验记录	
9	燃气管道通球试验记录	C8－2－5
10	电气绝缘电阻测试记录	C8－4－1
11	电气接地电阻测试记录	
12	电气器具通电安全检查记录	
13	电气照明全负荷试运行记录	C8－4－3
14	设备负荷联动（系统）试运行记录	C8－3－5
15	阀门试验记录	C8－2－12
（十）	建设工程质量事故调查、勘查记录、报告书	C1－4、C1－9
（十一）	竣工测量文件	
1	沉降观测记录	C5－6
2	竣工测量记录	C5－7
（十二）	工程质量验收文件	
1	单位工程质量竣工验收记录	
2	地基与基础分部、子分部、分项工程质量验收记录	C9－2、C9－3
3	地基与基础工程检验批质量验收记录	C9－1
4	主体分部、子分部、分项工程质量验收记录	C9－2、C9－3
5	主体工程检验批质量验收记录	C9－1
6	建筑装饰子分部、分部、分项工程质量验收记录	C9－2、C9－3

市政排水泵站工程文件

序号	归档内容	备注
7	建筑装饰工程检验批质量验收记录	C9 – 1
8	屋面分部、子分部、分项工程质量验收记录	C9 – 2、C9 – 3
9	屋面工程检验批质量验收记录	C9 – 1
10	给排水、采暖分部、子分部、分项工程质量验收记录	C9 – 2、C9 – 3
11	给排水、采暖工程检验批质量验收记录	C9 – 1
12	电气分部、子分部、分项工程质量验收记录	C9 – 2、C9 – 3
13	电气工程检验批质量验收记录	C9 – 1
14	管道安装分部、分项、检验批质量评定	C9 – 1 ~ C9 – 3
15	设备安装分部、分项、检验批质量评定	C9 – 1 ~ C9 – 3
（十三）	设计变更通知单、洽商记录、竣工图（含编制说明）	C2 – 10、C2 – 11、D
1	设计变更通知单	
2	工程洽商记录	
3	竣工图	
3.1	建筑物建筑竣工图	
3.2	建筑物结构竣工图	
3.3	建筑物给排水、采暖竣工图	
3.4	建筑物电竣工图	
3.5	排水管道竣工图	
3.6	设备安装竣工图	

市政污水处理厂工程文件

序号	归档内容	备注
一、污水处理厂工程应由以下单位工程组成		
1.办公楼、住宅、配电间、门房和院墙		
2.厂内道路、排水、给水、供电、电信、煤气、绿化		
3.脱水机房、泵房		
4.溢流井（格栅间）、沉砂池、沉淀池、污泥池、浓缩池、污泥调节池、配水井、集流井		
二、污水处理厂各单位工程文件材料归档内容及排列顺序		
1.办公楼、住宅、配电间、门房和院墙按建筑工程文件材料归档内容及排列顺序进行整理		
2.厂内道路、排水、给水、供电、电信、煤气、绿化		
（1）道路按道路工程文件材料归档内容及排列顺序进行整理		
（2）室外排水、给水、供电、电信、煤气按地下管线工程文件材料归档内容及排列顺序进行整理		
（3）厂内绿化按绿化工程要求进行整理		
3.脱水机房、泵房按排水泵站工程文件材料归档内容及排列顺序进行整理		
4.溢流井（格栅间）、沉砂池、沉淀池、污泥池、浓缩池、污泥调节池、配水井、集流井按以下要求进行整理		
（一）	工程开工前文件	
1	中标通知书	
2	施工合同	A4 – 8
3	图纸审查报告	A3 – 9
4	建设工程施工许可证	A5 – 5
5	开工报告及报审表	C3 – 1 、C3 – 2
6	建设工程安全备案证	
7	工程质量监督计划书	A5 – 8
（二）	工程竣工验收文件	
1	竣工验收证书	C10 – 7
2	竣工报告及竣工总结	C10 – 1
3	单位（子单位）工程竣工预验收报验表	C10 – 2
4	单位（子单位）工程质量竣工验收记录	C10 – 3
5	单位（子单位）工程质量控制资料核查记录	C10 – 4
6	单位（子单位）工程安全和功能检验资料核查及主要功能抽查记录	C10 – 5
7	单位（子单位）工程观感质量检查记录	C10 – 6
（三）	施工技术文件	
1	施工组织设计及审批表、报审表	C2 – 2 ~ C2 – 4
2	施工方案及技术措施	C2 – 2

市政污水处理厂工程文件

序号	归档内容	备注
3	施工图设计文件会审记录	C2－6
4	施工、设计技术交底记录、安全交底记录	C2－7～C2－9
5	试验室资质证书及计量认证证书复印件	
（四）	材料、半成品、构配件、设备进场检验、复试文件	
1	主要原材料、构配件出厂证明及复试报告目录	C4－2
2	材料、构配件进场检验记录	C4－4－1
3	有见证试验汇总表	C4－5－1
4	见证记录	C4－5－2
5	水泥检验报告	C4－5－4
6	水泥出厂合格证及28天强度报告	C4－3－5
7	钢材试验报告	C4－5－5
8	钢筋出厂合格证	C4－3－6
9	砂试验报告	C4－5－6
10	卵（碎）石试验报告	C4－5－7
11	掺合料试验报告	C4－5－12
12	外掺剂试验报告	C4－5－13
13	预拌混凝土出厂合格证	C4－3－2
14	成套设备检验报告	
15	成套设备出厂合格证	
16	管道出厂检验报告	
17	密封橡胶圈、止水胶带、爬梯出厂检验报告	
18	电气设备检验报告	
19	电气设备出厂合格证	
（五）	施工试验、检验文件	
1	地基检测、压实度（密度）、强度试验资料	
1.1	地基、复合地基、挡土墙槽基承载力试验报告	
1.2	（管道沟槽）地基钎探记录	C6－2－2
1.3	土壤最大干密度与最佳含水量试验报告	C7－2－2
1.4	回填土土壤压实度检验记录	C7－2－3、C7－2－4
2	水泥混凝土抗压、抗渗强度、抗渗、抗冻性能试验资料	
2.1	混凝土配合比申请单、通知单	C7－2－9

市政污水处理厂工程文件

序号	归档内容	备注
2.2	试块抗压、抗折强度统计评定资料,汇总表	C7－2－13、C7－2－14
2.3	试块抗压、抗折强度、抗渗、抗冻性能试验报告	C7－2－10～C7－2－12
3	水泥砂浆试块强度试验报告	
3.1	砂浆配合比申请单、通知单	C7－2－5
3.2	砂浆试块强度统计评定资料、汇总表	C7－2－7、C7－2－8
3.3	砂浆试块抗压强度试验报告	C7－2－6
4	钢筋焊接接头检(试)验报告及其他	
4.1	焊缝质量综合评价汇总表	C6－3－2
4.2	钢筋焊接、机械连接接头检(试)验报告	C7－2－15、C7－2－16
4.3	钢筋挤压接头单向拉伸性能检验报告	
4.4	超声波检测报告	C7－2－19
4.5	超声波检测记录	
4.6	(钢构件)射线检测报告	C7－2－17
4.7	设备、钢构件、管道防腐层质量检查记录	C6－3－10
4.8	管道系统吹洗、脱脂检验记录	C8－2－13
4.9	补偿器冷拉记录	C6－3－9
4.10	电机试运行试验记录	C8－4－4
4.11	运转设备试运转记录	C8－3－2
(六)	施工记录文件	
1	沉降观测记录	C5－6
2	水泥混凝土浇筑施工记录	C6－2－20
3	混凝土测温记录	C6－2－21
4	箱涵、管道顶进施工记录	C6－2－26
5	沉井下沉施工记录	C6－2－3
6	水泥粉喷桩施工成果汇总表及施工记录	
7	石灰挤密桩施工记录	
8	沉入桩施工成果汇总表及施工记录	
9	静压沉入桩施工成果汇总表及施工记录	
10	钻(挖)孔混凝土灌注桩主要成果汇总表及施工记录	
11	钻孔桩灌注水下混凝土检验汇总表及施工记录	
12	预应力筋张拉数据记录	C6－2－11

市政污水处理厂工程文件

序号	归档内容	备注
13	预应力张拉施工记录	C6－2－12～C6－2－16
14	构件吊装施工记录	C6－2－17
15	补偿器安装记录	C6－3－8
16	运转设备试运转记录	C8－3－2
17	调试记录	C8－3－1
18	施工日志	C1－5
（七）	施工测量检测记录及预检记录	
1	交桩记录	
2	导线点测量复核记录和水准点复测记录	C5－1、C5－2
3	定位测量记录	C5－3
4	测量复核记录	C5－4
5	水准测量成果表	C5－5
6	预检工程检查记录（现浇混凝土结构模板、设备安装前）	C6－1－2
7	交接检查记录	C6－1－3
（八）	隐蔽工程检查验收记录	C6－1－1
（九）	施工质量验收记录	
1	单位工程质量竣工验收记录	
2	基础分部、子分部、分项工程质量验收记录	C9－2、C9－3
3	基础工程检验批质量验收记录	C9－1
4	主体分部、子分部、分项工程质量验收记录	C9－2、C9－3
5	主体工程检验批质量验收记录	C9－1
6	装饰分部、子分部、分项工程质量验收记录	C9－2、C9－3
7	装饰工程检验批质量验收记录	C9－1
8	屋面分部、子分部、分项工程质量验收记录	C9－2、C9－3
9	屋面工程检验批质量验收记录	C9－1
10	给排水、采暖分部、子分部、分项工程质量验收记录	C9－2、C9－3
11	给排水、采暖工程检验批质量验收记录	C9－1
12	电器分部、子分部、分项工程质量验收记录	C9－2、C9－3
13	电器工程检验批质量验收记录	C9－1
14	设备安装分部、子分部、分项工程质量验收记录	C9－2、C9－3
15	设备安装检验批质量验收记录	C9－1

市政污水处理厂工程文件

序号	归档内容	备注
（十）	工程安全及功能性检验文件	
1	现浇混凝土结构顶模支撑荷载试验报告	
2	无压力管、涵严密性试验记录	C8-2-15
3	压力管道强度及严密性试验验收记录（燃气）	C8-2-6、C8-2-7
4	预制混凝土构件结构性能检验报告	
5	阀门安装强度及严密性试验记录	
6	污泥消化池气密性试验记录	C8-3-8
7	电气绝缘电阻测试记录	C8-4-1
8	电气接地电阻测试记录	
9	电气照明全负荷试运行记录	C8-4-3
10	设备负荷联动试运行记录	C8-3-5
11	阀门试验记录	C8-2-12
（十一）	建设工程质量事故调查、勘查记录、报告书	C1-4、C1-9
（十二）	工程竣工测量资料	C5-7
（十三）	设计变更通知单、洽商记录、竣工图（含编制说明）	C2-10、C2-11、D

电子声像文件

序号	归档内容	备注
一	声像档案	
（一）	工程照片	
1	开工前的原址、原貌	
1.1	开工前的原址、原貌、原重要地物的照片	
1.2	重要纪念物的照片	
2	建(构)筑物:基础类型及施工技术工艺制作的照片	
3	主体工程施工	
3.1	主体工程设计模型照片	
3.2	施工现场整体工程施工情况照片	
3.3	隐蔽工程的工艺制作及处理照片	
3.4	钢筋制作工程的钢筋布局、型号及节点焊接等照片	
3.5	反映主体工程的拉接筋布局、混凝土灌注质量等照片	
3.6	管道及设备工程、安装工程的管沟类型等照片	
3.7	建(构)筑物的位移、沉降、变形及处理的照片	
（二）	录音、录像带	
1	开工前的原址、原貌	
	开工前的原址、原貌、原重要地物的录像	
2	建(构)筑物:基础类型及施工技术工艺制作的录像	
3	主体工程施工	
3.1	施工现场整体工程施工情况录像	
3.2	建(构)筑物的位移、沉降、变形及处理的录像	
4	工程开工、竣工仪式形成的各种录音、录像	
5	工程施工中主要的质量检查、验收的录音、录像	
二	缩微品	
	按建设工程文件归档内容及顺序缩微接收	
三	电子档案	
	光盘、磁盘	
	按建设工程文件归档内容及顺序制作接收	

注:工程照片、录音、录像按工程建设准备阶段、施工阶段、竣工验收阶段进行拍摄,尤其是隐蔽工程和工程质量事故处理要重点进行拍摄,并附有文字说明。

第六节　市政基础设施工程竣工验收备案文件目录

市政基础设施工程竣工验收备案文件目录

序号	归档内容	备注
1	工程质量监督注册登记表	
2	设计文件审查批准书	
3	规划许可证	
4	工程施工许可证	
5	勘察单位质量检查报告	
6	设计单位质量检查报告	
7	工程质量评估报告	
8	工程竣工报告	
9	工程竣工验收证书	
10	单位工程质量评定文件	
11	工程竣工验收报告	
12	建设工程质量保修书	
13	工程竣工移交证书	
14	市政基础设施有关质量检测和功能性试验资料	
15	法规及规章规定应当由规划、公安消防、环保部门出具的认可文件或准许使用文件	

第七节　工程档案验收与移交

一、验收

（1）工程档案的验收是工程竣工验收的重要内容之一。建设单位应按照国家和本市城建档案管理的有关要求，对勘察、设计、施工、监理汇总的工程档案资料进行认真审查，确保其完整、准确。属于城建档案馆（室）接收范围的工程档案，还应由城建档案管理部门对工程档案资料进行预验收，并出具工程竣工档案预验收认可文件。

（2）各工程档案资料的形成和编制单位，要严格按照本指南所规定的技术标准，认真编制好工程档案，凡验收中发现有不符合技术要求、缺项、缺页等，一律退回形成或编制单位进行整改，直至合格。

（3）建设单位应将竣工验收过程及验收备案时形成的文件资料一并归入工程档案，城建档案馆（室）负责对列入接收范围的工程档案进行最后验收，检查验收人员应对接收的档案负责，并在每卷的案卷备考表中签字。

二、移交

（1）施工单位、监理单位等有关单位应在工程竣工验收前将工程资料按合同或协议规定的时间、套数移交给建设单位，办理移交手续。

（2）工程竣工验收后 3 个月内，建设单位将汇总后的纸质品和光盘载体的工程档案移交城建档案馆，并办理纸质品移交手续。